Liliya Jakhonovna Habibulina

Determinismo naturalista nas histórias de Jack London

Liliya Jakhonovna Habibulina

Determinismo naturalista nas histórias de Jack London

Monografia

ScienciaScripts

Cover image: www.ingimage.com

This book is a translation from the original published under ISBN 978-620-8-41780-2.

Publisher:
Sciencia Scripts
is a trademark of
Dodo Books Indian Ocean Ltd. and OmniScriptum S.R.L publishing group

120 High Road, East Finchley, London, N2 9ED, United Kingdom
Str. Armeneasca 28/1, office 1, Chisinau MD-2012, Republic of Moldova, Europe
Managing Directors: Ieva Konstantinova, Victoria Ursu
info@omniscriptum.com

Printed at: see last page
ISBN: 978-620-8-58118-3

HABIBULINA LILIYA JAKHONOVNA

O DETERMINISMO NATURALISTA NAS HISTÓRIAS DE JACK LONDON

REPÚBLICA DO UZBEQUISTÃO MINISTÉRIO DA SAÚDE, MINISTÉRIO DO ENSINO SUPERIOR, CIÊNCIA E INOVAÇÃO DA REPÚBLICA DO UZBEQUISTÃO

INSTITUTO MÉDICO ESTATAL DE BUKHARA DEPOIS DE ABU ALI IBN SINA

HABIBULINA LILIYA JAKHONOVNA

O DETERMINISMO NATURALISTA NAS HISTÓRIAS DE JACK LONDON

Monografia

2024

Autor: Habibulina Liliya Jakhonovna. O determinismo naturalista nas histórias de Jack London, Monografia, LAMBERT Academic Publishing, 2024.

A monografia foi recomendada para publicação com base na ata do Conselho do Instituto Médico Estatal de Bukhara, datada de 30 de novembro de 2024, n.º 4.

Revisores:

1. Davlatova Mukhayyo Hasanovna, Instituto Médico Estatal de Bukhara, diretor do departamento de uzbeque e literatura, línguas russa e inglesa, professor associado, doutor em filosofia (PhD), docente

2. Yaxshiyeva Zebo Rashidovna, chefe do departamento "Tecnologias educativas da informação e ciências humanitárias", secção de Karshi da Universidade de Tecnologias da Informação de Tashkent com o nome de Muhammad al-Khorazmi, professor associado, doutor em filosofia (PhD)

Editor: Bobokalonov R.R., Doutor em Filologia (DSc), Professor

Anotação

A monografia "Naturalistic determinism in Jack London's stories" examina a forma como a natureza afecta a vida das pessoas nos emocionantes contos de Jack London, como "The White Silence", "The Wisdom of Trail", "The Sickness of Lone Chief" e "The Law of Life". Explora a ideia de que o local onde alguém vive e o seu passado familiar têm um grande impacto na sua vida, tornando difícil mudar o que acontece devido a fortes forças externas. O estudo fala também do naturalismo na literatura, que desafia a ideia de que as pessoas falham na vida apenas devido às suas capacidades. A obra de London é vista como parte deste movimento naturalista, em que as personagens das suas histórias tomam decisões influenciadas pela natureza e pelos instintos de sobrevivência. As ideias de Charles Darwin ajudam a explicar o naturalismo no final do século XIX, tornando-o uma forma convincente de compreender como as coisas eram na altura.

Abu Ali ibn Sino nomidagi Buxoro davlat tibbiyot instituti

Kengashi № 4-son majlis bayonnomasidan

KO'ChIRMA

30.11.2024 y **Buxoro shahar**

Rais: prof. Sh.J.Teshayev

Kotiba: PhD Sh.A.Naimova

Qatnashdilar: 86 nafar kengash a'zosidan 65 nafar

KUN TARTIBI:

6.Har xil masalalar. Monografiyalar tasdig`i to`g`risida

EShITILDI: Buxoro davlat tibbiyot instituti Ilmiy Kengashi kotibi PhD, dotsent. Sh.A.Naimova so'zga chiqib, Buxoro davlat tibbiyot instituti o`zbek tili va adabiyoti, rus tili va ingliz tillari kafedrasining assistenti I.J.Habibullinaning "NATUARLISTIC DETERMINISM IN JACK LONDON`S STORIES" monografiyasiga tashqi taqrizchi: Head of department of " Information Educational technologies and social sciences", Doctor of philosophy in philology (PhD), dotsent at the Karshi branch of Tashkent University of Information Tecnologies Z. R. Yakshiyeva va ichki taqrizchi: Buxoro davlat tibbiyot instituti o'zbek tili va adabiyoti, rus va ingliz tillari kafedrasi dotsenti M.H.Davlatova. Taqrizlar ijobiy. Kengash a'zolaridan monografiyani tasdiqlab berilishi so'raladi.

QAROR QILINDI:

Buxoro davlat tibbiyot instituti o`zbek tili va adabiyoti, rus tili va ingliz tillari kafedrasining assistenti I.J.Habibulinaning "NATUARLISTIC DETERMINISM IN JACK LONDON`S STORIES" nomli monografiyasi tasdiqlansin va chop etishga tavsiya etilsin.

Kengash raisi: **Sh.J.Teshayev**

Kengash kotibasi: **Sh.A.Naimova**

Índice

INTRODUÇÃO 7

CAPÍTULO 1. O ENIGMÁTICO COMPORTAMENTO HUMANO DETERMINADO PELA NATUREZA 11

CAPÍTULO 2. SUBMISSÃO À MORTE E LUTA CONTRA ELA 40

CAPÍTULO 3. ANÁLISE DAS HISTÓRIAS DE LONDRES 80

CONCLUSÃO 130

BIBLIOGRAFIA 135

INTRODUÇÃO

Este estudo analisa a forma como a natureza afecta a vida das pessoas nos empolgantes contos de Jack London, como "O Silêncio Branco", "A Sabedoria do Trilho", "A Doença do Chefe Solitário" e "A Lei da Vida". Explora a ideia de que o local onde alguém vive e os seus antecedentes familiares têm um grande impacto na sua vida, tornando difícil mudar o que acontece devido a fortes forças externas.

Jack London, nascido em 1876, é um famoso escritor americano conhecido pelas suas emocionantes histórias de aventura passadas durante a corrida ao ouro e no Pacífico Sul. As suas próprias experiências arrojadas, como a pirataria e a prospeção de ouro, influenciaram realmente o que escreveu. London analisava frequentemente as duras realidades da natureza e a forma como esta afecta a vida das pessoas.

Nestas histórias, as personagens enfrentam grandes desafios da natureza, lidando com ambientes e situações difíceis. London mostra como as coisas que estão fora do seu controlo moldam as suas vidas, quer se trate de lidar com a tranquilidade da natureza selvagem ou de enfrentar uma doença sozinho. As lutas das personagens dizem-nos o que London pensava sobre a forma como a natureza decide o que acontece às pessoas.

A investigação aponta para as lutas das personagens de London, que enfrentam problemas em lugares selvagens e mau tempo. A ideia de determinismo naturalista, em que a natureza tem uma grande influência no que acontece às pessoas, surge muito nas histórias de London. Este facto torna as histórias simultaneamente emocionantes e comoventes.

O estudo fala também do naturalismo na literatura, que

desafia a ideia de que as pessoas falham na vida apenas devido às suas capacidades. A obra de London é vista como parte deste movimento do naturalismo , em que as personagens das suas histórias tomam decisões influenciadas pela natureza e pelos instintos de sobrevivência. As ideias de Charles Darwin ajudam a explicar o naturalismo no final do século XIX, tornando-o uma forma convincente de compreender como as coisas eram na altura.

Além disso, o debate analisa o tema da violência nas histórias de London e a forma como se enquadra na visão naturalista. Ao contrário de alguns escritores que usavam a violência apenas para entretenimento, London abordou o tema com honestidade. Ele acreditava que, na natureza, a violência ajuda os seres vivos a tornarem-se mais complexos - uma forma diferente de pensar sobre a violência em comparação com o que as pessoas costumam dizer.

As teorias evolutivas de Charles Darwin fornecem um pano de fundo biológico para a exploração do determinismo naturalista, enfatizando o impacto da adaptação e da hereditariedade no comportamento humano.

A contribuição de Lee Mitchell e os conhecimentos da filosofia ou de domínios conexos, que acrescentam profundidade à perspetiva interdisciplinar, foram utilizados na dissertação.

Willem Drees, conhecido pelo seu trabalho em filosofia da ciência e da religião, traz uma lente filosófica para o exame do determinismo naturalista.

Edward O. Wilson, um biólogo proeminente, empresta a sua experiência em sociobiologia, oferecendo perspectivas sobre os fundamentos biológicos do comportamento social.

Para além disso, foram utilizados os trabalhos de Donald Pizer. Os seus esforços académicos ajudaram a moldar o discurso em torno do naturalismo literário americano, e as suas obras são frequentemente referidas em estudos académicos e debates centrados neste movimento literário. A investigação de Pizer contribuiu significativamente para a compreensão dos elementos naturalistas na literatura e das suas implicações mais vastas para a representação da experiência humana nas obras literárias.

Richard Lehan tem escrito extensivamente sobre temas como teoria literária, estudos culturais e literatura americana moderna e contemporânea. Uma das suas obras mais conhecidas é o livro intitulado "Realism and Naturalism: The Novel in an Age of Transition", onde explora os movimentos literários do realismo e do naturalismo e a sua influência no desenvolvimento do romance.

Este conjunto diversificado de académicos enriquece o quadro teórico, incorporando a biologia evolutiva, a filosofia e, potencialmente, a análise literária. Através desta abordagem interdisciplinar, a dissertação tem como objetivo explorar de forma abrangente a intrincada relação entre a natureza e a experiência humana.

Ao analisarmos a forma como a natureza é retratada nas histórias de Jack London, ficamos com uma ideia mais clara de como ele vê a ligação entre o mundo natural e a vida das pessoas. Não se trata apenas das personagens das suas histórias; trata-se também de compreender como a natureza nos influencia na vida real. Assim, este estudo é como desvendar segredos nas histórias que nos ajudam a ver e a apreciar a viagem selvagem e desafiante em que Jack London nos leva através dos seus contos sobre a natureza e as lutas humanas.

Os livros de Jack London:

1900 O Filho do Lobo.

1901 O Deus dos seus pais.

1902 Filhos do Gelo.

1902 O cruzeiro do Dazzler.

1902 A Daughter of the Snows.

1903 As Cartas de Kempton-Wace.

1903 The Call of the Wild.

1903 O Povo do Abismo.

CAPÍTULO 1. O ENIGMÁTICO COMPORTAMENTO HUMANO DETERMINADO PELA NATUREZA

O Capítulo I mergulha no misterioso domínio do comportamento humano, explorando a ideia de que as nossas acções estão intrinsecamente ligadas às forças da natureza. Propõe que a forma como nos comportamos, pensamos e sentimos não é apenas um produto das nossas escolhas conscientes, mas é profundamente influenciada por aspectos inatos do nosso ser.

Este capítulo desvenda o enigma do comportamento humano, sugerindo que a nossa natureza, moldada pela genética e pelos processos evolutivos, desempenha um papel fundamental na determinação das nossas acções. Defende que, tal como outras criaturas, os seres humanos estão sujeitos às leis fundamentais da natureza, que orientam e moldam os nossos comportamentos de forma subtil mas profunda.

I.1. A representação do poder da natureza sobre os seres humanos e a construção de carácter no conto "O Silêncio Branco"

"The White Silence" é um conto escrito pelo autor americano Jack London em 1899. Tal como muitas das histórias curtas de London, tem lugar no Yukon. A história narra as viagens de três pessoas através do Northland Trail, no Yukon, enquanto tentam chegar à civilização antes da primavera. Este conto trata da frágil relação entre o homem e a natureza, e também entre o homem e o animal. O título é uma frase que London utilizou frequentemente nas suas descrições das paisagens geladas do norte nas suas histórias.

À primeira vista, pode parecer que esta peça faz parte do movimento Realista porque a sua resposta parece puramente situacional. No entanto, num segundo olhar, torna-se claro que é Naturalista. A primeira chave é o frio. O homem está ao frio e está a ignorar as condições brutais para poder chegar a casa. Isto é o homem contra a natureza. A sua reação foi ao frio, não a um qualquer perigo situacional. Jack London concentra-se muito na temperatura, certificando-se de que as condições adversas são compreendidas. "Na realidade, não era apenas mais frio do que cinquenta abaixo de zero; era mais frio do que cinquenta abaixo; era mais frio do que sessenta abaixo, do que setenta abaixo" (Jack London). O homem não está a lutar apenas contra um dia de brisa, está a lutar contra a força da natureza. Esta está a bater-lhe a cada passo do caminho e, mesmo assim, ele continua. É uma batalha de vontade. Só os homens mais fortes podem sobreviver a isto.

Este capítulo do trabalho analisará o conto "O Silêncio Branco", de Jack London, que segue a viagem de Mason, um prospetor no deserto gelado do Yukon. Enquanto Mason viaja sozinho pela paisagem agreste e desolada, depara-se com o fenómeno profundo e sinistro conhecido como o Silêncio Branco. Este é um momento em que a natureza parece parar, sem vento, sem movimento, e uma quietude avassaladora. No meio desta quietude gelada, Mason confronta-se com a sua própria mortalidade e experimenta uma profunda sensação de isolamento. A história explora temas como a vulnerabilidade humana perante as forças da natureza e o impacto psicológico de condições extremas na perceção de um indivíduo. As descrições vívidas e o estilo de escrita atmosférica de London contribuem para o retrato evocativo do ambiente implacável do Ártico e do seu impacto na psique humana.

A natureza tem muitos truques com os quais convence o homem da sua finitude - o fluxo incessante das marés, a fúria da tempestade, o choque do terramoto, o longo rolar da artilharia do céu - mas o mais tremendo, o mais estupefacto de todos, é a fase passiva do Silêncio Branco. Todo o movimento cessa, o céu clareia, os céus são como bronze; o mais leve sussurro parece um sacrilégio, e o homem torna-se tímido, assustado com o som da sua própria voz. Um único grão de vida a atravessar os desertos fantasmagóricos de um mundo morto, ele treme perante a sua audácia, apercebe-se de que a sua vida é a de um verme, nada mais. Pensamentos estranhos surgem sem serem invocados, e o mistério de todas as coisas esforça-se por se manifestar. (3,p. 6)

Link diz, num outro estudo sobre o naturalismo, que quando os críticos ponderam o que é exatamente o naturalismo literário, o consenso é que "é um ramo do movimento realista..informado por um conjunto razoavelmente bem definido de atitudes filosóficas relativas à relação dos seres humanos com o seu ambiente". (13) A citação diz que o naturalismo literário é como um tipo específico de narrativa realista. Não se trata apenas de estilo; é influenciado por certas crenças sobre a vida. Estas crenças centram-se na forma como as pessoas estão ligadas ao seu ambiente. Assim, o naturalismo explora a forma como as forças exteriores afectam a vida humana de uma forma mais definida.

Este parágrafo aborda a forma como a natureza tem um forte efeito sobre as pessoas, fazendo-as sentir-se pequenas e conscientes das suas limitações. O autor fala de diferentes aspectos poderosos da natureza, como as marés, as tempestades e os terramotos. No entanto, salienta que o mais poderoso é a parte calma do Silêncio Branco. Nesta fase, tudo pára - não há movimento, o céu fica limpo e as pessoas sentem-se hesitantes em fazer qualquer som.

Durante este silêncio, o ser humano apercebe-se da sua pequenez. O autor descreve-os como um pequeno ponto num

mundo vasto e vazio. A expressão "vida de larva" transmite uma sensação de insignificância e impotência, sugerindo que a natureza tem controlo sobre eles.
Além disso, o escritor nota que, neste momento de silêncio, as pessoas começam a ter pensamentos invulgares e sentem-se obrigadas a exprimir os mistérios de tudo.

Isto implica que a natureza não só influencia o ambiente externo, como também desencadeia nos indivíduos uma profunda contemplação dos mistérios da vida.

A passagem transmite que a natureza, particularmente a fase calma do Silêncio Branco, leva o indivíduo a reconhecer a sua pequenez e a contemplar os mistérios da vida. As descrições vívidas do impacto da natureza, desde a paragem de todo o movimento até à criação de um céu limpo, ajudam a pintar um quadro da profunda influência que esta tem na perceção humana. A utilização de uma linguagem acessível a um nível B1 garante que a mensagem é transmitida de forma clara, tornando o texto compreensível para um público mais vasto com diferentes níveis de proficiência em inglês. O parágrafo ilustra a forma como a natureza molda a consciência humana e desencadeia a contemplação dos mistérios da existência.

A quietude era estranha; nem um sopro agitava a floresta coberta de geada; o frio e o silêncio do espaço exterior tinham gelado o coração e ferido os lábios trémulos da natureza. Um suspiro pulsava no ar - não pareciam ouvi-lo, mas sentiam-no, como a premonição de um movimento num vazio imóvel. Então a grande árvore, carregada com o seu peso de anos e neve, desempenhou a sua última parte na tragédia da vida.(3,p. 77

Nos bosques gelados, instalou-se um estranho silêncio, como se a natureza tivesse respirado fundo e o tivesse retido. As árvores estavam paradas, cobertas de gelo, sem se mexerem. O frio extremo e o silêncio absoluto faziam com que parecesse o espaço sideral, congelando tudo e fazendo com que a natureza parecesse completamente imóvel. Era uma calma invulgar, não a calma habitual.

Durante esse momento de congelamento, algo peculiar aconteceu. Uma espécie de suspiro parecia mover-se pelo ar. As pessoas não o ouviam exatamente; era mais como se o sentissem, como se algo importante estivesse prestes a acontecer num lugar que parecia perfeitamente calmo. A quietude tornou-se um pouco sinistra, como se algo significativo estivesse no horizonte.

Depois, no meio deste silêncio gelado, uma árvore antiga, carregando o peso de muitos anos e uma pesada carga de neve, desempenhou a sua última parte na história contínua da vida. Esta parte da história aponta para a tomada de decisões por parte da natureza. A árvore, afetada pelo tempo e pelo clima, já não conseguia resistir. É como se a própria natureza estivesse a decidir o que aconteceria à árvore.

O suspiro, o silêncio gelado e a velha árvore a cair contam uma história maior sobre a forma como a natureza funciona. A natureza não presta atenção às nossas pequenas histórias ou dramas. Ela continua a fazer o seu trabalho, afectando tudo à sua volta. Isto mostra que a vida e a natureza seguem o seu próprio conjunto de regras, indiferentes às lutas ou triunfos individuais no seu seio. A cena congelada, com o suspiro e a árvore a cair, realça o determinismo naturalista em jogo, onde as forças da natureza ditam o curso dos acontecimentos, enfatizando os inevitáveis ciclos da vida.

O perigo súbito, a morte rápida - quantas vezes Malemute Kid o tinha enfrentado! As agulhas dos pinheiros ainda estavam a tremer quando ele deu as suas ordens e entrou em ação. (3, p. 8)

Nesta breve passagem, temos um vislumbre de Malemute Kid a lidar com uma ameaça, mostrando a sua familiaridade com o perigo e o seu talento para lidar com situações que se desenrolam rapidamente e que ameaçam a vida. A frase "o perigo súbito, a morte rápida" sublinha a frequência com que Malemute Kid se confronta com circunstâncias perigosas, sugerindo uma vida marcada por riscos e desafios contínuos.

Mesmo depois de o perigo imediato ter passado, as agulhas de pinheiro a tremer pintam uma imagem viva das consequências. Esta reação tangível da natureza serve de testemunha silenciosa do perigo recente, realçando a intensidade da situação. A resposta decisiva de Malemute Kid, dando ordens e entrando em ação, reflecte não só a sua experiência, mas também a sua prontidão para enfrentar as crises com uma atitude calma.

As agulhas de pinheiro trémulas funcionam como uma representação simbólica da tensão persistente e do perigo potencial no ambiente. Esta imagem visual reforça a narrativa, enfatizando a gravidade da situação e o impacto que deixa.

Através da repetição de palavras como "sudden" e "quick", a passagem transmite a natureza imprevisível e rápida dos desafios que Malemute Kid encontra frequentemente. Esta repetição deliberada acrescenta uma camada de urgência e intensidade à narrativa, realçando a rápida tomada de decisões e de acções necessárias face ao perigo.

Na sua essência, a passagem capta não só o perigo imediato que Malemute Kid enfrenta, mas também as consequências e a sua capacidade de responder pronta e eficazmente à imprevisibilidade da vida. E os homens que partilharam a cama com a morte sabem quando a chamada é feita. Mason foi terrivelmente esmagado. O exame mais superficial revelou-o. (3, p. 8)

Nessas linhas, temos um vislumbre do determinismo naturalista, que sugere que os eventos são moldados mais por forças externas do que por escolhas pessoais. A frase "And men who have shared their bed with death know when the call is sounded" sugere que os indivíduos que enfrentaram situações de risco de vida desenvolvem uma maior consciência do perigo. Isto implica que as experiências com a mortalidade influenciam os instintos e as reacções de uma pessoa, moldando a sua compreensão da vida.

Além disso, a afirmação "Mason foi terrivelmente esmagado. O exame mais superficial revelou-o" alinha-se com o determinismo naturalista. Sugere que o estado de Mason, "terrivelmente esmagado", é o resultado direto de forças externas que actuam sobre ele. A linguagem utilizada implica que o resultado não é determinado apenas pelas decisões ou acções de Mason, mas sim pelo impacto de um acontecimento externo, possivelmente o descrito anteriormente na passagem.

O texto implica que o facto de se confrontar com situações de risco de vida molda a consciência e a resposta de uma pessoa a desafios semelhantes no futuro. Além disso, a condição de Mason é retratada como uma consequência de acontecimentos externos, ilustrando a ideia naturalista de que os indivíduos estão sujeitos a forças fora do seu controlo, influenciando o curso das suas vidas.

Estas linhas transmitem subtilmente a ideia de que as nossas experiências, especialmente as que envolvem perigo e mortalidade, desempenham um papel significativo na formação de quem somos e na forma como reagimos a situações futuras. O texto sugere que, face a acontecimentos que ameaçam a vida, indivíduos como Mason desenvolvem uma espécie de instinto ou consciência, enfatizando o impacto de factores externos na compreensão e nas acções de cada um. Esta noção alinha-se com a perspetiva naturalista, em que as vidas humanas são retratadas como profundamente interligadas e influenciadas pelas forças do mundo exterior.

Os cães tinham quebrado a regra de ferro dos seus donos e apressavam-se a comer a comida. O homem e o animal lutaram pela supremacia até ao fim mais amargo. Depois, os brutos derrotados arrastavam-se para a beira da lareira, lambiam as feridas e diziam às estrelas o seu sofrimento. (3, p.10)

Nesta cena, vemos um reflexo do determinismo naturalista, a ideia de que os acontecimentos são moldados mais por forças externas do que por escolhas pessoais. Os cães, que normalmente seguem as regras estritas dos seus donos humanos, libertam-se e avançam em direção à comida. Esta ação desencadeia uma luta entre humanos e animais, cada um lutando pelo domínio, e não acaba bem.

A frase "Man and beast fought for supremacy to the bitterest conclusion" (O homem e o animal lutaram pela supremacia até ao mais amargo desfecho) enfatiza a intensidade do conflito. Sugere que esta luta entre humanos e cães se desenrola de acordo com um curso predeterminado, impulsionado pelas circunstâncias e não por decisões individuais. A utilização de "bitterest conclusion" implica um desfecho inevitável e duro.

A seguir a este conflito, vemos uma imagem pungente: "Então os brutos espancados arrastaram-se para a beira da luz da fogueira, lambendo as feridas, expressando a sua miséria às estrelas." Isto pinta uma imagem vívida dos cães derrotados, fisicamente feridos e expressando o seu sofrimento sob o céu noturno. A menção das estrelas sugere um universo maior e indiferente, ecoando o tema naturalista de que forças externas, como a vastidão do espaço, influenciam e moldam o destino dos indivíduos.

De um modo geral, os cães que infringem a regra e o conflito que se segue mostram como os acontecimentos podem desenrolar-se fora do controlo dos indivíduos, impulsionados pelas circunstâncias em que se encontram. Os cães espancados, lambendo as feridas e expressando miséria, transmitem a ideia de que, face a estas forças externas, os indivíduos, sejam eles humanos ou animais, podem passar por dificuldades e sofrimento. Isto está de acordo com o determinismo naturalista, em que os acontecimentos da vida são representados como sendo influenciados por factores poderosos e externos que escapam ao controlo dos indivíduos, conduzindo a resultados que são por vezes duros e inevitáveis.

Não é agradável estar sozinho com pensamentos dolorosos no Silêncio Branco. O silêncio da escuridão é misericordioso, envolve-nos como que com proteção e respira mil simpatias intangíveis; mas o brilhante Silêncio Branco, claro e frio, sob céus de aço, é impiedoso. (3, p. 12)

No Yukon, a natureza pode ser implacável, especialmente nas duras condições descritas como o "Silêncio Branco". Esta frase pinta uma imagem vívida da paisagem fria, clara e brilhante sob céus de aço. Aqui, o ambiente torna-se uma força inflexível, demonstrando a dureza da natureza nesta região gelada.

O Silêncio Branco não é apenas uma ausência de som, mas uma presença dominante. O narrador exprime o desconforto de estar sozinho com pensamentos dolorosos neste cenário. Ao contrário do silêncio da escuridão, que poderia oferecer uma certa mortalha misericordiosa, o brilhante Silêncio Branco é descrito como impiedoso. O uso da palavra "impiedoso" sugere uma falta de misericórdia ou compaixão, enfatizando a severidade do ambiente natural.

A descrição do Silêncio Branco como claro e frio sob céus de aço aponta para a natureza implacável e inflexível do clima do Yukon. As condições adversas, com temperaturas gélidas e uma paisagem austera, tornam-se uma força dominante que os indivíduos têm de enfrentar. Isto alinha-se com o conceito de determinismo naturalista, em que forças externas, como o ambiente, moldam o curso dos acontecimentos.

De acordo com Pizer, "o naturalista descreve frequentemente as suas personagens como se fossem condicionadas e controladas pelo ambiente, hereditariedade, instinto ou acaso. Mas também sugere um valor humanista compensador nas suas personagens ou nos seus destinos, que afirma a importância do indivíduo e da sua vida."(15) Isto sugere que os escritores naturalistas retratam frequentemente as personagens como sendo influenciadas por factores como o ambiente, os traços familiares, o instinto ou a sorte. No entanto, ao mesmo tempo, destacam um valor humanista nessas personagens, mostrando a importância dos indivíduos e das suas vidas, mesmo face a essas influências deterministas.

No Yukon, a sobrevivência depende da adaptação aos rigores da natureza. Os céus de aço e o brilhante Silêncio Branco não são apenas condições atmosféricas, mas elementos que influenciam e determinam as experiências humanas. O determinismo naturalista, neste contexto, sublinha a ideia de que os indivíduos estão sujeitos às forças da natureza, e as suas acções e pensamentos são moldados pelas duras realidades do ambiente.

O isolamento descrito no Silêncio Branco acrescenta outra camada à narrativa. Estar sozinho com pensamentos dolorosos num tal ambiente amplifica os desafios que os indivíduos enfrentam. Esta solidão torna-se uma parte da equação naturalista, onde a interação entre o ambiente externo e os pensamentos e emoções internos dos indivíduos contribui para a dureza geral da vida no Yukon.

As duras condições da natureza no Yukon, particularmente o brilhante Silêncio Branco, exemplificam o determinismo naturalista, retratando como o ambiente dita o tom das experiências humanas e molda os indivíduos que navegam pelos seus desafios. A natureza implacável do Yukon torna-se uma força formidável que os indivíduos têm de enfrentar, realçando o poder dos elementos externos em influenciar e determinar o curso da vida.

O Silêncio Branco parecia escarnecer, e um grande medo apoderou-se dele. Ouviu-se um ruído agudo; Mason balançou para o seu sepulcro aéreo, e Malemute Kid chicoteou os cães num galope selvagem enquanto fugia pela neve.(3, p. 13)

No Silêncio Branco do Yukon, aconteceu algo inquietante. Parecia que o silêncio estava a zombar, quase a escarnecer, e um medo profundo apoderou-se de Mason. De repente, ouviu-se um ruído forte - um relato agudo. Em resposta, Mason saltou rapidamente para o que é descrito como o seu "sepulcro aéreo", o que implica um lugar alto ou elevado, possivelmente um abrigo.

Perante este acontecimento misterioso e assustador, Malemute Kid, reagindo rapidamente, incitou os cães a uma corrida frenética, um galope selvagem, enquanto fugiam apressadamente através da paisagem nevada de . Este momento intenso evidencia a reação instintiva à ameaça sentida, com Mason a procurar refúgio e Malemute Kid a orientar rapidamente os cães para longe da fonte do medo.

O Silêncio Branco, tipicamente sereno e luminoso, assume aqui uma qualidade sinistra. Já não se trata apenas de um ambiente tranquilo, mas de uma entidade que parece provocar e zombar. O medo que domina Mason sugere uma profunda inquietação, uma sensação de pavor desencadeada por uma força desconhecida e potencialmente perigosa neste cenário desolado.

Esta passagem ilustra a vulnerabilidade dos indivíduos face aos elementos imprevisíveis da natureza. A mudança repentina de um ambiente calmo para um imbuído de medo reflecte a natureza dura e caprichosa do Yukon. A perspetiva naturalista surge à medida que forças externas, como o Silêncio Branco, desempenham um papel na formação das reacções emocionais e físicas das personagens. A retirada de Mason e a fuga urgente de Malemute Kid no trenó puxado por cães demonstram as reacções imediatas e instintivas exigidas neste ambiente implacável.

I.2. A análise da forma como a natureza molda a personagem e o percurso pessoal no conto "A sabedoria do trilho"

"A Sabedoria do Trilho", de Jack London, conta a história de Sitka Charley, um homem habilidoso das montanhas de Yukon. A história é sobre ele e a sua equipa que fazem um novo trilho na dura região selvagem.

O conto mostra como é difícil a vida no Yukon. Fala das regras rigorosas que as pessoas seguem para sobreviver. Estas regras não são apenas instruções; são o conhecimento partilhado transmitido através de gerações para enfrentar as condições difíceis.

À medida que Charley e a sua equipa criam um novo trilho, a história revela a sabedoria das suas acções. Cada passo que dão mostra o conhecimento daqueles que viveram ali antes, uma dança cuidadosa com os desafios da natureza. No Yukon, sobreviver não se trata apenas de uma pessoa; é um esforço de grupo guiado pela profunda sabedoria do trilho. Essa sabedoria não é apenas algo que se aprende; ela faz parte da terra e do espírito forte do povo.

Através desta pequena história, Jack London capta o coração de sobreviver num lugar difícil. A sabedoria não está apenas na mente; ela está em cada passo dado, gravada na terra e carregada na força das pessoas que chamam o Yukon de lar. *Os seus mocassins gelados estavam tristemente desgastados por muitas viagens, e o gelo afiado das compotas dos rios tinha-os cortado em farrapos. As suas meias Siwash estavam igualmente danificadas e, quando estas foram descongeladas e retiradas, as pontas brancas e mortas dos dedos dos pés, nas várias fases de mortificação, contavam a sua história simples do trilho.(4, p.70)*

Nesta passagem, vemos elementos de determinismo naturalista, um conceito que sugere que a natureza e as forças externas moldam o destino humano. A descrição dos mocassins desgastados pelo gelo e das meias Siwash estragadas revela o duro impacto do ambiente sobre os indivíduos que o atravessam.

A frase "sadly worn by much travel" sugere que o desgaste dos seus mocassins gelados não se deve a escolhas pessoais, mas sim a uma consequência da extensa viagem que efectuaram. O determinismo naturalista entra aqui em jogo, implicando que as condições difíceis do trilho, a viagem constante e o ambiente desafiante ditaram o estado do seu calçado.

A menção do "gelo afiado das represas do rio" que corta os mocassins em farrapos enfatiza ainda mais a influência de forças externas. Os indivíduos no trilho não escolheram que o gelo fosse afiado ou que as represas do rio fossem perigosas; estas são condições inerentes ao ambiente que afectam o seu equipamento e, por extensão, a sua capacidade de atravessar a paisagem.

O facto de as meias Siwash se encontrarem em condições semelhantes indica que o impacto não se limita a um aspeto do seu vestuário. O ambiente , pela sua natureza fria e exigente, afectou tudo o que vestem. A descrição das "pontas brancas e mortas dos dedos dos pés, em vários estágios de mortificação" acrescenta um toque pungente, ilustrando o preço exigido pelo trilho nos seus corpos.

A passagem revela como a natureza, através das condições desafiantes do trilho, determina o estado das suas roupas e até afecta o bem-estar dos indivíduos, como se vê na mortificação dos dedos dos pés. Sublinha a ideia de que, face a um ambiente exigente, a ação pessoal se torna secundária em relação à influência de forças externas, alinhando com os princípios do determinismo naturalista.

Várias vezes, onde a água aberta entre os diques tinha recentemente formado uma crosta, foi forçado a acelerar miseravelmente os seus movimentos enquanto a frágil base balançava e ameaçava por baixo dele. Nesses sítios, a morte era rápida e fácil; mas não era seu desejo não aguentar mais. (4, p.70)

Nesta passagem, testemunhamos as condições desafiantes do trilho e os perigos potenciais que o viajante enfrenta. A descrição das águas abertas entre os engarrafamentos recentemente formados acrescenta uma camada extra de dificuldade à viagem. A pessoa tem de acelerar desconfortavelmente os seus movimentos porque o solo, agora frágil e instável, vacila e parece que pode ceder a qualquer momento. Esta delicadeza dos pés torna-se uma verdadeira ameaça, tornando cada passo precário e exigindo um cuidado acrescido.

A passagem sugere que, nestes locais, o risco de morte é elevado e surge rapidamente. O ambiente é implacável e um pequeno passo em falso pode levar a consequências terríveis. A utilização de palavras como "miseravelmente" e "frágil" dá uma imagem da dificuldade e da vulnerabilidade da situação do viajante. Uma das caraterísticas do determinismo naturalista seria "personagens 'completamente dominadas pelos seus nervos e sangue, sem livre arbítrio'". (12) As personagens destas histórias são retratadas como sendo inteiramente controladas pelos seus factores biológicos, como os nervos e o sangue. Esta representação sugere que lhes falta o livre arbítrio, o que significa que as suas acções e escolhas são fortemente determinadas pelas suas caraterísticas físicas e fisiológicas.

O viajante, no entanto, exprime o desejo de não voltar a enfrentar situações tão perigosas. A frase "but it was not his desire to bear no more" (mas não era seu desejo não suportar mais) indica uma relutância em passar por mais dificuldades ou perigos. Esta simples expressão realça o desejo humano de segurança e a aversão a riscos desnecessários, enfatizando o instinto natural de auto-preservação.

Em conclusão, a passagem fala das duras realidades do trilho, onde o próprio ambiente se torna um adversário formidável. O viajante navega em condições traiçoeiras, onde o chão pode deslocar-se sob os seus pés, e a possibilidade de perigo rápido e fácil está sempre presente. Este retrato alinha-se com o conceito de determinismo naturalista, sugerindo que o ambiente, com os seus desafios e perigos inerentes, molda as experiências e decisões do viajante no trilho.

Sentiu, então, que se tratava de uma nova raça de mulher; e, antes de terem sido companheiros de rasto durante muitos dias, soube porque é que os filhos de tais mulheres dominavam a terra e o mar, e porque é que os filhos da sua própria mulher não conseguiam prevalecer contra eles.(4, p.71)

Na passagem dada, o narrador reflecte sobre as qualidades de uma mulher, a Sra. Eppingwell, que ele vê como uma "nova raça". Esta caraterização sugere um tipo de mulher distinto e formidável. À medida que a sua viagem como companheiros de trilho avança, o narrador começa a compreender porque é que os filhos de tais mulheres são capazes de conquistar tanto a terra como o mar, ao contrário dos filhos da sua própria linhagem materna.

Estabelecer paralelismos entre raças de animais, em particular cães, e tipos de mulheres pode dar uma ideia da ideia de traços hereditários. Tal como os cães de determinadas raças são conhecidos por qualidades e capacidades específicas, o narrador sugere a ideia de que a linhagem ou "raça" das mulheres pode influenciar as qualidades e capacidades dos seus descendentes.

A noção de que os filhos desta "nova raça" de mulheres podem dominar tanto a terra como o mar implica uma resiliência e adaptabilidade herdadas das suas mães. A comparação pode sugerir que, tal como certas raças de cães são criadas para determinadas aptidões ou caraterísticas, as mulheres desta linha narrativa possuem qualidades que contribuem para o sucesso e a destreza dos seus descendentes para enfrentar diversos desafios.

O conceito de uma mãe saudável que dá à luz uma criança saudável alinha-se com uma compreensão mais alargada da saúde hereditária. A saúde e o bem-estar da mãe durante a gravidez podem ter um impacto significativo na saúde da criança. Bons cuidados pré-natais, uma nutrição adequada e um estilo de vida saudável contribuem para o bem-estar geral da mãe e da criança em desenvolvimento. Este princípio também se estende aos animais, onde a saúde do progenitor influencia a vitalidade e o vigor da descendência.

Em última análise, uma mãe saudável, tal como um cão bem criado, contribui positivamente para a saúde e as capacidades dos seus filhos. A observação do narrador sobre a nova raça de mulheres enfatiza a ideia de que certos traços e qualidades são transmitidos através das gerações, influenciando a capacidade dos indivíduos para enfrentarem os desafios do seu ambiente, seja ele a terra ou o mar.

Os rostos dos dois homens e da mulher iluminaram-se quando o viram, pois afinal ele era o Staff em que se apoiavam. Mas Sitka Charley, rígido como era seu hábito, escondendo a dor e o prazer imparcialmente sob um exterior de ferro, perguntou-lhes o bem-estar dos restantes, disse a distância até à fogueira e continuou a viagem de regresso.(4, p.72)

Nesta parte da história, os rostos dos dois homens e da mulher iluminam-se quando vêem outra pessoa. Ele parece-lhes importante, como alguém em quem confiam. Mas Sitka Charley, que normalmente mantém os seus sentimentos escondidos atrás de um exterior forte, pergunta pelo bem-estar dos outros, menciona a distância até à fogueira e regressa pelo caminho por onde veio.

Pizer reforça esta ideia quando diz A crença comum é que os naturalistas eram como os realistas na sua fidelidade aos detalhes da vida contemporânea, mas que retratavam a vida quotidiana com um maior sentido do papel de forças causais como a hereditariedade e o ambiente na determinação do comportamento e da crença. (15) Por outras palavras, Pizer está a dizer que os naturalistas, tal como os realistas, prestavam muita atenção aos pormenores da vida quotidiana. No entanto, os naturalistas foram mais longe, enfatizando como coisas como a genética e o ambiente influenciam fortemente as acções e crenças das pessoas.

O mau tempo parece afetar as pessoas. Imagine que está muito mau tempo lá fora, como muito frio ou tempestade. Este tipo de tempo pode fazer com que as pessoas se sintam em baixo ou cansadas. Na história, Sitka Charley pode estar a passar por condições climatéricas difíceis, o que pode afetar a forma como age.

Agora, se pensarmos na forma como o clima e as condições difíceis influenciaram as pessoas durante muito tempo. Através da evolução, que é um processo gradual em que os seres vivos mudam ao longo do tempo para se adaptarem ao seu ambiente, os seres humanos desenvolveram formas de lidar com diferentes desafios climáticos.

Por exemplo, em locais onde faz muito calor, as pessoas podem ter evoluído para ter uma pele mais escura que as protege do sol. Em zonas mais frias, podem ter desenvolvido uma pele mais espessa ou mais pêlos no corpo para se manterem quentes. A evolução é a forma que a natureza tem de ajudar os seres vivos a sobreviver nos seus ambientes.

Assim, a história sugere que as condições climatéricas difíceis influenciam a forma como as personagens se sentem e agem. É comum os seres humanos e os animais serem afectados pelo clima e, durante muito tempo, a evolução moldou-nos para lidar com diferentes tipos de clima de várias maneiras.

Três homens fracos erguendo a sua força insignificante perante a imensidão poderosa; mas os dois recuaram sob os golpes ferozes da espingarda de um deles e voltaram como cães espancados para a trela. Duas horas mais tarde, com Joe a cambalear entre eles e Sitka Charley a fazer a retaguarda, chegaram à fogueira, onde o resto da expedição se agachava ao abrigo do fogo.(4, p. 72)

Nesta passagem, o conceito de determinismo naturalista é palpável, uma vez que as acções e o destino das personagens parecem ser significativamente influenciados pelas forças avassaladoras da natureza e pelas suas circunstâncias imediatas.

A imagem de três homens fracos a exercerem a sua força insignificante contra a imensidão poderosa capta a essência da sua luta contra o ambiente agreste. A vastidão não se refere apenas à paisagem física, mas também aos desafios mais amplos apresentados pela natureza selvagem. O termo "força insignificante" sublinha a insignificância dos seus esforços contra o imenso cenário da natureza.

No entanto, a dinâmica muda quando um deles, empunhando uma espingarda, desfere golpes ferozes nos outros. Esta ação agressiva sublinha a dura realidade da sobrevivência na selva, onde os indivíduos podem virar-se uns contra os outros sob a pressão do ambiente. A expressão "cães batidos à trela" dá uma imagem vívida de submissão e derrota, reforçando a ideia de que as suas acções são determinadas pelo poder implacável das circunstâncias.

A passagem desenrola-se ainda com o grupo, agora

reduzido a dois homens que apoiam o enfraquecido Joe e Sitka Charley que segue atrás, acabando por chegar à fogueira onde o resto da expedição espera. A viagem até à fogueira torna-se uma representação metafórica da sua luta contra os elementos naturais.

O determinismo naturalista, neste contexto, sugere que as acções e relações das personagens são moldadas por factores externos, como as condições adversas do ambiente e a luta inerente pela sobrevivência. Os golpes de espingarda, a submissão e o desgaste físico de Joe exemplificam o impacto destas forças externas no destino e no comportamento das personagens.

Em conclusão, a passagem ilustra como as personagens são como pequenas figuras face aos imensos desafios colocados pela natureza. A agressividade e a submissão entre elas evidenciam as duras realidades da sobrevivência, em que as suas acções são ditadas não por escolhas pessoais, mas pela influência avassaladora do ambiente. O determinismo naturalista afirma-se como uma força orientadora, moldando as interações das personagens e o desenrolar da narrativa.

Cada vez que um homem caía, era com a firme convicção de que não se levantaria mais; no entanto, ele se levantava, e de novo e de novo. A carne cedeu; a vontade venceu; mas cada triunfo era uma tragédia. O índio com o pé congelado, que já não estava ereto, arrastava-se para a frente com as mãos e os joelhos. Raramente descansava, pois conhecia o castigo que a geada lhe impunha. (4, p.73)

Nesta parte, a história mostra como o ambiente difícil afecta fortemente as personagens. Quando um homem cai, acredita sempre que não será capaz de se levantar de novo, mas consegue, uma e outra vez. Esta luta contra o frio e as condições adversas mostra como a natureza molda o seu destino.

As quedas reflectem o desafio que o meio envolvente representa para eles. De cada vez que caem, parece que não se conseguem levantar de novo, mas a sua vontade de sobreviver leva-os a levantarem-se repetidamente. Este ciclo de cair e levantar mostra o seu espírito forte, mas também sublinha a dureza da sua situação.

A frase "a carne cedeu, a vontade venceu" explica como os seus corpos são afectados, mas a sua determinação em sobreviver permanece forte. Isso mostra que, apesar de superarem os desafios físicos, há um custo para isso, tornando cada triunfo uma espécie de tragédia.

De acordo com Edward O. Wilson, "os seres humanos estão fortemente predispostos a responder com um ódio irracional a ameaças externas e a escalar a sua hostilidade o suficiente para ultrapassar a fonte de ameaça com uma margem de segurança respeitável. Os nossos cérebros parecem estar programados da seguinte forma: estamos inclinados a dividir as outras pessoas em amigos e alienígenas". (17) Edward O. Wilson está a dizer que os seres humanos têm uma tendência natural para reagir fortemente com ódio irracional quando se apercebem de ameaças externas. Esta reação inclui uma escalada de hostilidade para superar a ameaça percebida por uma margem significativa. Wilson sugere que os nossos cérebros estão programados para classificar os outros como amigos ou estranhos, o que contribui para estas reacções intensas face ao perigo percebido.

A descrição do índio com o pé congelado a arrastar-se

para a frente, de gatas, dá uma imagem clara do impacto que o frio tem sobre eles. É como se se estivessem a adaptar às condições difíceis só para se manterem em movimento. Esta adaptação é semelhante à forma como os animais se comportam em situações difíceis, o que nos dá a ideia de que a natureza é uma força poderosa que influencia as suas acções.

A menção de que o índio raramente descansa, movido pela consciência da pena imposta pela geada, reforça a forma como as suas acções são forçadas pelo ambiente. A geada torna-se um forte fator que dita a forma como se movem e agem.

Por outras palavras, a passagem mostra como as personagens estão constantemente a lutar contra as duras forças da natureza. As suas quedas, subidas e adaptações ao frio ilustram o quanto o ambiente influencia o que fazem e o desafio que é para eles sobreviver.

Uma névoa cristalina de neve caía sobre eles, suavemente, acariciando-os, envolvendo-os em mantos brancos e pegajosos. E os seus pés teriam ainda pisado muitos trilhos, se o destino não tivesse afastado as nuvens e desanuviado o ar. (4, p.74)

Nesta parte da história, o cenário é definido por uma suave queda de neve, criando uma névoa cristalina que envolve as personagens num manto branco suave e envolvente. A descrição da neve caindo à volta deles, de forma suave e carinhosa, pinta um quadro sereno, quase como se a natureza os envolvesse em mantos delicados.

Aqui, entram em jogo elementos de naturalismo e determinismo. O aspeto naturalista é evidente na representação da natureza como uma força poderosa, capaz tanto de suavidade como de intensidade. A neve, que cai aparentemente por si só, reflecte a beleza inerente e a imprevisibilidade do mundo natural. Isto está de acordo com a perspetiva naturalista, que vê a natureza como uma força que molda as experiências humanas, muitas vezes fora do seu controlo.

O aspeto do determinismo é introduzido com a menção do destino a afastar as nuvens e a limpar o ar. Isto sugere que há uma força orientadora, talvez para além da influência humana, em ação no desenrolar dos acontecimentos. A trajetória das personagens e os caminhos que percorrem não são apenas o produto das suas escolhas, mas são influenciados por factores externos mais vastos.

"O naturalismo literário deriva principalmente de um modelo biológico. A sua origem deve muito a Charles Darwin e à sua teoria da evolução, baseada, por sua vez, na sua teoria da seleção natural. Darwin criou um contexto que fez do naturalismo - com a sua ênfase nas teorias da hereditariedade e do ambiente - uma forma convincente de explicar a natureza da realidade no final do século XIX."(12) Esta afirmação sugere que o naturalismo literário é largamente influenciado por um modelo biológico, principalmente proveniente de Charles Darwin e da sua teoria da evolução, especialmente da seleção natural. As ideias de Darwin forneceram um contexto que tornou o naturalismo, centrado em conceitos como hereditariedade e ambiente, uma explicação convincente para a compreensão da realidade no final do século XIX. Essencialmente, o naturalismo na literatura é visto como um reflexo das ideias científicas prevalecentes durante esse período, particularmente as relacionadas com as teorias inovadoras de Darwin em biologia.

No conto, podemos encontrar exemplos vívidos da utilização da natureza, uma vez que a neve, descrita como um manto branco e aderente, simboliza tanto a beleza como o aprisionamento da natureza. Ao mesmo tempo que acaricia suavemente, também envolve, sugerindo a natureza dupla do ambiente - capaz de confortar e de constranger. As personagens, envolvidas por este abraço natural, parecem momentaneamente suspensas, aguardando a influência do destino para moldar o seu caminho.

A ideia de que os seus pés teriam percorrido muitos trilhos se não fosse a intervenção do destino sugere o potencial para experiências e viagens variadas. No entanto, a força externa do destino, actuando como um vento de clareira, altera o seu curso. Isto ilustra como, num quadro naturalista, os factores externos ditam frequentemente os resultados, conduzindo a uma visão determinista da vida das personagens.

Assim, a passagem mostra como a natureza, com a sua neve macia e o destino, afecta as personagens. A beleza da neve que cai e a reviravolta inesperada dos acontecimentos trazida pelo destino ilustram os conceitos interligados de naturalismo e determinismo. A natureza desempenha um papel significativo na formação das suas experiências, e o destino torna-se uma força orientadora que influencia a direção da sua viagem.

Olhou de relance para os homens que jaziam tão silenciosos, sorriu maldosamente para a sabedoria do trilho e apressou-se a ir ao encontro dos homens do Yukon. (4, p.75)

Nesta passagem, os temas do naturalismo e do determinismo entrelaçam-se, retratando as duras realidades da sobrevivência na selva implacável. As acções de Sitka, um olhar fugaz para os homens imóveis e um sorriso malicioso para a sabedoria do trilho, reflectem a influência da natureza e das forças externas sobre as personagens.

A perspetiva naturalista é evidente no reconhecimento da sabedoria do trilho. O trilho, neste contexto, representa o conjunto de regras e leis não escritas ditadas pelas condições adversas do ambiente. A natureza, através dos seus desafios e exigências, impõe o seu próprio código de conduta. As personagens, incluindo Sitka, são obrigadas a aderir a estas regras para sobreviverem. Isto está de acordo com a noção naturalista de que o ambiente, com as suas leis inerentes, molda o comportamento humano.

O aspeto do determinismo entra em jogo quando Sitka olha para os homens deitados em silêncio. O determinismo aqui é duplo - os homens violam a lei ao consumirem alimentos proibidos, e Sitka, como executor das regras do trilho, é obrigado a agir. O destino dos homens, neste contexto, é moldado pela violação das leis estabelecidas pela natureza, e Sitka torna-se um instrumento desse destino. Isto ilustra a influência determinista do ambiente nas acções das personagens.

O sorriso cruel de Sitka pode ser interpretado como um reconhecimento da inevitabilidade de tais consequências no duro cenário do Yukon. O sorriso, embora cruel, significa um reconhecimento pragmático das duras realidades da sobrevivência. Sublinha o facto de as personagens estarem vinculadas às leis inabaláveis da natureza, em que as transgressões conduzem a consequências graves. Num quadro naturalista, as personagens estão sujeitas às forças deterministas do seu ambiente.

A urgência com que Sitka se apressa a ir ao encontro dos homens do Yukon enfatiza ainda mais o imperativo da sobrevivência. A força determinista do ambiente impele-o para a frente. O encontro com os infractores da lei serve para nos lembrar que, no Yukon, a adesão à sabedoria do trilho não é apenas uma escolha, mas uma necessidade de sobrevivência.

Assim, pode concluir-se que a passagem ilustra a forma como as personagens, especialmente Sitka, navegam num mundo em que as regras são ditadas pelo ambiente agreste. A sabedoria naturalista do trilho molda as suas acções, e o determinismo entra em jogo quando as personagens enfrentam as consequências da violação dessas regras. A sobrevivência torna-se uma questão de conformidade com as leis impostas pela natureza, mesmo que isso signifique tomar decisões difíceis e moralmente desafiantes.

CAPÍTULO 2. SUBMISSÃO À MORTE E LUTA CONTRA ELA

II.1. Compreender o lugar do Homem no ciclo da vida e a evolução da personagem no conto "A Lei da Vida"

O capítulo explora a forma como os seres humanos, inerentemente conscientes da sua existência finita, se debatem com a aceitação da mortalidade. Descreve a intrincada dança entre a resignação à ordem natural da vida e o tenaz espírito humano que luta contra a certeza última da morte.

Os leitores são levados numa viagem pelas emoções e reflexões que surgem quando confrontados com a fragilidade da vida. O capítulo tece uma narrativa sobre o instinto humano de sobrevivência, contrastando-o com o reconhecimento de que a vida é efémera. Convida à contemplação da natureza dupla da nossa relação com a morte, retratando-a como um adversário a que se deve resistir e como uma realidade inevitável que se deve abraçar. Em última análise, o capítulo capta a essência da condição humana - em que o reconhecimento da nossa mortalidade molda as nossas acções, perspectivas e o próprio tecido da nossa existência.

"A Lei da Vida", de Jack London, é um conto pungente que explora as duras realidades da natureza, a inevitabilidade da morte e a indiferença da natureza selvagem. A narrativa gira em torno de um ancião chamado Koskoosh, membro de uma tribo nativa americana no Yukon.

No desenrolar da história, Koskoosh é abandonado pela sua tribo devido à sua idade avançada, ficando sozinho no deserto gelado para enfrentar o seu destino inevitável. A tribo está em movimento e acredita que Koskoosh, sendo velho e fraco,

é um fardo e está destinado a morrer em breve. Este abandono realça a dura lei da vida no implacável Yukon, onde só os fortes sobrevivem.

Sozinho na natureza selvagem, Koskoosh reflecte sobre a sua vida e a aproximação iminente da morte. Ele observa o mundo natural à sua volta, notando a natureza impiedosa e indiferente da natureza selvagem. Na sua solidão, as memórias passam-lhe à frente e ele debate-se com o isolamento e o fim iminente que o espera.

Quando a história atinge o seu clímax, Koskoosh ouve o uivo dos lobos ao longe, sinalizando que o seu fim está próximo. Num momento de aceitação, ele resigna-se à lei da vida, reconhecendo que se tornou parte do ciclo de vida e morte na natureza selvagem.

A história termina com a imagem poderosa de Koskoosh a sucumbir às forças implacáveis da natureza. Os lobos, representando o mundo natural e a sua indiferença pela existência humana, aproximam-se dele, marcando o capítulo final da vida de um homem que viveu de acordo com as duras leis ditadas pela natureza.

"A Lei da Vida" capta com mestria a essência do naturalismo, retratando a luta pela sobrevivência num ambiente brutal e a inevitabilidade da morte. Através da personagem Koskoosh, London tece uma narrativa que reflecte a natureza intemporal e implacável da região selvagem de Yukon, onde a vida e a morte estão inextricavelmente ligadas.

O longo trilho esperava enquanto o curto dia se recusava a demorar. A vida chamava-a, e os deveres da vida, não da morte. E ele estava agora muito perto da morte. (1, p. 37)

Em "A Lei da Vida", de Jack London, a exploração filosófica da natureza assume um papel central quando Koskoosh, um ancião da tribo, se confronta com o inevitável ciclo da vida e da morte na dura região selvagem de Yukon. A narrativa pinta um quadro vívido da interconexão da vida, da passagem implacável do tempo e da profunda indiferença da natureza.

À medida que o longo trilho espera e o curto dia se recusa a permanecer, surge um comentário subtil sobre a brevidade da existência humana. O contraste entre o extenso trilho e o dia fugaz serve de metáfora para a vasta jornada da vida e a natureza efémera de cada dia individual. A vida acena com as suas exigências e responsabilidades, levando Koskoosh a reconhecer a sua proximidade da morte.

No meio da beleza da paisagem natural, Koskoosh contempla as implicações filosóficas da sua própria mortalidade. A natureza selvagem, com as suas árvores imponentes e extensões silenciosas, torna-se um pano de fundo para reflexões existenciais. A vida, personificada, chama por ele, enfatizando a primazia da vida e as responsabilidades que a acompanham. Perante o apelo persistente da vida, os deveres da existência têm precedência sobre o espetro iminente da morte.

A proximidade da morte não é retratada como um momento de medo ou desespero, mas sim como uma fase contemplativa. Koskoosh, na sua solidão, debate-se com as questões mais vastas da existência humana. Torna-se um filósofo no deserto, reflectindo sobre o sentido da sua vida e a inevitabilidade da sua morte. A narrativa convida os leitores a reflectirem sobre as verdades universais que se encontram na experiência humana, transcendendo as fronteiras culturais e temporais.

A abordagem filosófica estende-se ao retrato da própria natureza. A natureza selvagem de Yukon não é apenas um pano de fundo; é um participante ativo no desenrolar do drama da vida e da morte. A paisagem indiferente, as árvores estóicas e o terreno inflexível servem de testemunhas silenciosas da condição humana. A natureza, na sua vastidão e permanência, torna-se um espaço contemplativo para as reflexões de Koskoosh, sublinhando a interligação de todos os seres vivos com o mundo natural.

"O estilo de escrita de London pode ser descrito como direto, excitante, frequentemente violento e brutal, atraindo leitores de todo o mundo na época da sua vida e mesmo agora, quase um século após a sua morte. Muitas das obras de London lidam com o regresso do homem civilizado à natureza (aos seus instintos animais), com a morte e o morrer, e com o poder imparável da natureza e a luta da humanidade pela sobrevivência". (5) Ao analisar esta afirmação, sugere-se que o estilo de escrita de Jack London se caracteriza pela sua frontalidade, excitação e um retrato vivo da violência e brutalidade. As suas obras têm um apelo intemporal, atraindo leitores de todo o mundo, tanto durante a sua vida como ainda hoje, muito depois da sua morte. London explora frequentemente temas como o regresso dos indivíduos civilizados aos seus instintos primitivos e animalescos, a inevitabilidade da morte e o poder implacável da natureza. As suas narrativas giram frequentemente em torno da intensa luta pela sobrevivência, realçando os aspectos crus e elementares da existência humana.

Em conclusão, "A Lei da Vida" convida os leitores a envolverem-se numa exploração filosófica da complexa relação entre a humanidade e a natureza. Através das contemplações de Koskoosh sobre a vida e a morte, a narrativa transcende o seu contexto imediato, oferecendo uma visão profunda da experiência humana. A abordagem filosófica da natureza na história sublinha os temas intemporais da existência, mortalidade e o legado duradouro do mundo natural na psique humana.

Talvez morresse em breve, e eles abririam um buraco na tundra gelada e empilhariam pedras por cima para manter os carcajus afastados. Bem, o que é que isso importava? Alguns anos, na melhor das hipóteses, e tantas barrigas vazias como cheias. E, no fim, a Morte esperou, sempre faminta e mais faminta de todas. (1, p. 38)

Nesta passagem, a Morte é personificada como uma

força implacável, pacientemente à espera da sua vez de reclamar os vivos. A linguagem utilizada cria uma imagem vívida da Morte como uma entidade sempre sedenta, enfatizando a lei natural que governa todas as criaturas vivas - conduzindo-as inevitavelmente ao seu fim.

A ideia de que "morreria em breve" refere-se a algo vivo, e a contemplação de abrir um buraco na tundra gelada e empilhar pedras para manter os carcajus afastados é uma consideração prática para o fim da vida. Esta contemplação prepara o terreno para uma reflexão mais profunda sobre a inevitabilidade da mortalidade e a personificação da Morte.

A personificação da Morte como "sempre faminta e a mais faminta de todas" é poderosa. Ao atribuir a fome à Morte, o autor explora uma verdade universal - a Morte é um aspeto inevitável da vida, constantemente à espera de cumprir o seu papel natural no ciclo da existência. A fome da Morte simboliza a sua natureza insaciável, pois acaba por se apoderar de todos os seres vivos.

A frase "O que é que isso interessa?" sugere uma certa resignação ou aceitação da ordem natural. A inevitabilidade da morte é retratada como uma realidade indiferente - alguns anos no máximo, com o reconhecimento de que uma barriga vazia pode ser tão comum como uma barriga cheia. Isto ecoa a ideia de que, no grande esquema das coisas, a vida é temporária, e tanto a satisfação como a fome são experiências transitórias.

A contemplação de abrir um buraco na tundra gelada e empilhar pedras não é apenas uma consideração prática para o fim da vida, mas simboliza também o esforço humano para adiar o inevitável. A tundra congelada representa os aspectos duros e implacáveis do mundo natural, e o ato de empilhar pedras torna-se uma tentativa humana de criar uma barreira contra a força invasora da Morte.

Através da personificação da Morte e da contemplação da mortalidade, a passagem reflecte sobre a verdade universal de que a morte é uma parte integrante da lei natural que rege todas as criaturas vivas. As imagens de abrir um buraco na tundra gelada e de empilhar pedras sublinham a luta humana contra a inevitabilidade da morte. No final, a Morte é retratada não como um inimigo, mas como uma força imparcial, pacientemente à espera da sua vez na ordem natural da vida. A passagem serve como um lembrete pungente de que, na grande tapeçaria da existência, a morte é uma companheira universal, e todas as criaturas vivas têm de enfrentar o seu abraço.

Por fim, a medida da sua vida era uma mão-cheia de paneiros. Um a um, iam alimentar a fogueira, e assim, passo a passo, a morte ia-se abatendo sobre ele. Quando a última vara se rendia ao calor, a geada começava a ganhar força. Primeiro os pés cederiam, depois as mãos; e o entorpecimento passaria, lentamente, das extremidades para o corpo. A cabeça caía para a frente, sobre os joelhos, e ele descansava. Era fácil. Todos os homens têm de morrer. (1, p.40)

Nesta parte de "A Lei da Vida", de Jack London, a narrativa é intrincadamente tecida com representações vívidas da natureza e dos seus processos cíclicos de vida. A história tem como pano de fundo a implacável região selvagem de Yukon, onde as personagens, em particular o velho homem da tribo Koskoosh, lutam contra as forças implacáveis e indiferentes do mundo natural.

O Yukon torna-se mais do que apenas um cenário; torna-se uma personagem em si mesmo. As árvores imponentes, as extensões silenciosas e o frio glacial servem de testemunhas silenciosas do drama humano que se desenrola no seu seio. A natureza não é apenas um palco passivo, mas um participante ativo no ritmo cíclico da vida e da morte.

As estações do ano desempenham um papel crucial na representação da natureza em constante mudança da existência. O inverno rigoroso, com o seu frio cortante e as suas paisagens geladas, simboliza os desafios e as dificuldades da vida. Em contrapartida, as estações mais quentes trazem uma pausa temporária, realçando a natureza cíclica da própria natureza. Este ritmo cíclico reflecte as fases da vida, com os seus altos e baixos, alegrias e tristezas.

A representação de animais realça ainda mais a interligação da vida no Yukon. Os lobos uivantes e os corvos necrófagos tornam-se elementos simbólicos, representando a ordem natural dos predadores e necrófagos. Estas criaturas não são meros pormenores de fundo; são componentes integrais da intrincada teia da vida no Yukon. Os lobos, especialmente, ecoam a ideia da lei da vida - os fortes sobrevivem e os fracos sucumbem.

O ciclo de vida, tal como é retratado na história, é assumidamente cru. Desde o nascimento até à morte, as personagens enfrentam os desafios impostos pelo ambiente natural. O abandono do ancião Koskoosh pela sua tribo é uma lembrança clara da dura lei da natureza, onde a sobrevivência muitas vezes exige decisões difíceis.

A natureza cíclica da vida e da morte é ainda mais enfatizada pela inevitabilidade da viagem de Koskoosh em direção ao fim. A história, ao explorar as suas reflexões sobre a vida, torna-se uma meditação sobre os ciclos mais amplos que regem todos os seres vivos. Aprofunda a verdade profunda de que a vida, tal como as estações e os animais do Yukon, está sujeita à lei eterna da existência cíclica.

Ele tinha nascido perto da terra, perto da terra tinha vivido, e a sua lei não era nova para ele. Era a lei de toda a carne. A natureza não era simpática para a carne. Ela não se preocupava com essa coisa concreta chamada indivíduo. O seu interesse era a espécie, a raça.(1, p. 40-41)

A natureza, na sua vasta e inspiradora magnitude, é uma força inegável que molda os destinos de todos os seres vivos. No conto "The Law of Life", de Jack London, a Natureza não é um mero pano de fundo; é uma entidade capitalizada e formidável que governa a vida das personagens. A capitalização intencional da Natureza revela o seu poder, a sua autoridade sobre a vida e o seu papel como força universal indiferente aos destinos individuais.

O protagonista, Koskoosh, nascido e criado perto da terra, está intimamente familiarizado com o funcionamento da Natureza. A maiúscula significa o estatuto da Natureza como uma presença sensível e dominante, uma força que transcende o mero ambiente físico. Representa uma entidade com as suas próprias regras, leis e intenções, indiferente às nuances da existência individual.

A lei de toda a carne, tal como London a descreve, é uma manifestação do poder inerente da Natureza. A Natureza opera a um nível que ultrapassa as preocupações individuais. Não se rende a desejos pessoais ou necessidades individuais; em vez disso, adere a um princípio mais amplo - a preservação e perpetuação da espécie. A Natureza é uma força de criação e destruição, moldando os destinos dos indivíduos ao serviço de um todo maior.

A falta de bondade atribuída à Natureza não é uma crueldade nascida da malícia, mas uma caraterística inerente à sua existência neutra e imparcial. A Natureza não tem favoritos; trata todos os seres vivos com a mesma mão severa. A coisa concreta chamada indivíduo tem pouco significado no grande esquema dos desígnios da Natureza. É a espécie, a raça, que capta a atenção da Natureza e impulsiona as suas buscas implacáveis.

A utilização intencional da palavra "betão" sugere a natureza efémera e transitória da existência individual face ao poder duradouro da Natureza. O betão, embora sólido, está sujeito à erosão e à decomposição - uma metáfora da natureza fugaz das vidas individuais contra o pano de fundo da existência eterna da Natureza.

Na sua essência, a Natureza em maiúsculas na história torna-se uma personagem própria, uma entidade poderosa que dita o ritmo da vida e da morte. É um agente de mudança, uma força que actua para além dos caprichos e desejos dos indivíduos. A capitalização intencional serve como representação visual da autoridade abrangente da Natureza - uma força simultaneamente temida e reverenciada, indiferente mas intrinsecamente tecida no tecido da vida.

"A Lei da Vida" sublinha a noção de que a Natureza não é um pano de fundo passivo, mas um participante ativo no drama da existência. Ao capitalizar a Natureza, a história destaca a sua proeminência, o seu domínio sobre a vida e o seu profundo impacto no destino de todos os seres vivos. Ao reconhecer o poder da Natureza, a narrativa convida os leitores a refletir sobre a intrincada dança entre o indivíduo e a força omnipotente que governa o mundo natural.

A subida da seiva, o verde do broto do salgueiro, a queda da folha amarela - só isso contava toda a história. Mas uma tarefa a Natureza impôs ao indivíduo. Se ele não a cumprisse, morria. Se a cumprisse, era tudo a mesma coisa, e ele morria. A Natureza não se importava; havia muitos que eram obedientes, e era apenas a obediência nesta matéria, não o obediente, que vivia e vivia sempre.(1, p 41)

Na representação poética dos processos cíclicos da natureza, a subida da seiva, o verde do botão do salgueiro e a queda da folha amarela contam uma história profunda - uma história de nascimento, crescimento, decadência e morte final. Esta narrativa encerra a lei universal da vida, uma lei meticulosamente determinada pela Natureza e aplicável a todas as criaturas vivas.

A subida da seiva assinala o despertar da vida, o início de um novo ciclo. Representa o processo de nascimento, onde a energia adormecida surge, dando vida ao que aparentemente não tem vida. A subida da seiva simboliza a emergência da vitalidade, o início de uma viagem que se desenrolará ao longo das estações.

O verde explosivo do botão do salgueiro significa crescimento e existência florescente. É a manifestação vibrante da exuberância da vida, um testemunho da notável resiliência e do potencial inerente a todos os seres vivos. Esta fase capta a essência do vigor da vida, à medida que os organismos se expandem, se adaptam e prosperam em resposta ao abraço nutritivo do seu ambiente.

E depois, inevitavelmente, a queda da folha amarela marca a fase pungente de declínio e culminação. É uma elegia visual ao verde vibrante que outrora adornava a árvore - uma metáfora da passagem inexorável do tempo e da natureza transitória da existência. A descida da folha amarela anuncia a aproximação do capítulo final do ciclo da vida.

A ênfase da narrativa numa tarefa crucial estabelecida pela Natureza realça a simplicidade e a inevitabilidade desta lei. O indivíduo é incumbido do imperativo de assegurar a continuidade da espécie. A Natureza, indiferente ao indivíduo, exige a obediência a esta lei fundamental - a reprodução. Quer se cumpra ou não esta tarefa, o resultado é o mesmo: a morte.

A passagem aprofunda a essência da indiferença da Natureza, sublinhando que é a obediência à lei, e não os indivíduos obedientes, que perpetua a vida. A falta de preocupação da Natureza com o indivíduo é um lembrete claro de que a grande tapeçaria da vida não é tecida em torno de narrativas pessoais; em vez disso, é a narrativa colectiva da espécie que tem significado.

A determinação implacável da natureza em fazer cumprir a lei da vida é revelada através do ritmo cíclico do nascimento e da morte. No grande teatro da existência, o nascimento é o prólogo, a vida os capítulos e a morte o ato final. A natureza, um diretor imparcial, orquestra este drama com uma precisão inabalável, sem se deixar influenciar pelas nuances individuais de cada atuação.

Esta lei, um testemunho da intrincada dança da vida e da morte, transcende as espécies, as fronteiras e o tempo. A subida da seiva, o verde do botão do salgueiro e a queda da folha amarela não são apenas fenómenos botânicos; são os símbolos universais do eterno ciclo da vida. Ao compreendermos esta lei, ganhamos uma visão da força implacável e inspiradora da Natureza, que governa o destino de todas as criaturas vivas. A ascensão, a explosão e a queda - a sinfonia da vida composta e conduzida pela mão imutável da Natureza.

A natureza não se importava. À vida ela deu uma tarefa, deu uma lei. A perpetuação era a tarefa da vida, a sua lei era a morte. Uma donzela era uma criatura bonita de se ver, de peito cheio - e forte, com um passo firme e luz nos olhos. Mas a sua tarefa estava ainda à sua frente. E com a chegada da sua prole, a sua aparência abandonou-a. Os seus membros arrastavam-se e baralhavam-se, os seus olhos escureciam e desbotavam, e apenas as crianças pequenas encontravam alegria na face murcha da velha índia junto à lareira. A sua tarefa estava cumprida. (1, p. 42)

Em "The Law of Life", de Jack London, o tema do determinismo naturalista emerge vividamente através da descrição da lei inflexível que a Natureza impõe a todos os seres vivos. A pungente narrativa revela a dura realidade de que todos, incluindo a donzela e a velha índia, têm um objetivo pré-determinado, e esse objetivo está intrinsecamente tecido no tecido da ordem natural.

A indiferença da natureza é fortemente enfatizada pela frase "A natureza não se importava". Ela sublinha a natureza impessoal e imparcial das forças que governam a vida. A Natureza funciona nos seus próprios termos, seguindo um guião escrito na linguagem da sobrevivência e da perpetuação. A única tarefa que a Natureza atribui à vida é a perpetuação, e a lei que a acompanha é a morte. Isto estabelece um quadro determinístico em que cada ser vivo está vinculado às leis predeterminadas da Natureza.

A representação da donzela, de peito cheio, forte e vibrante, acentua o vigor físico e a vitalidade da juventude. No entanto, apesar da sua aparente força e beleza, a Natureza definiu um objetivo específico para ela - perpetuar a vida. A narrativa não romantiza ou sentimentaliza a sua beleza; em vez disso, apresenta-a como uma fase, um prelúdio da sua tarefa final.

A narrativa dá uma volta pungente ao descrever o declínio inevitável da donzela com o cumprimento da sua tarefa. A imagem dos seus membros a arrastarem-se e a baralharem-se, os seus olhos a escurecerem e a ficarem ensanguentados, serve como uma metáfora poderosa para o preço que o cumprimento da lei da vida tem para um indivíduo. A sua aparência exterior reflecte o ritmo cíclico da vida - juventude, maturidade, declínio e eventual partida.

A velha índia, outrora cheia de vitalidade, torna-se um exemplo pungente do objetivo predeterminado imposto pela Natureza. A sua tarefa era perpetuar e, com a chegada da sua prole, o seu papel no grande esquema da vida está cumprido. A alegria que ela encontra contra a sua face murcha é um lembrete agridoce da natureza transitória da existência individual. O seu objetivo, determinado pela Natureza, atinge o seu ponto culminante, e a sua tarefa está cumprida.

Esta narrativa exemplifica o determinismo naturalista - uma ideologia que afirma que os indivíduos estão presos às forças deterministas do seu ambiente e da sua biologia. Em "The Law of Life", a Natureza é a força omnipotente que dita o objetivo e a trajetória de cada ser vivo. É um lembrete claro de que, na grande tapeçaria da existência, todos têm um papel, um objetivo predeterminado pelas leis implacáveis do mundo natural.

Em conclusão, o retrato que Jack London faz da lei da vida em "The Law of Life" ilustra vividamente o determinismo naturalista. A narrativa serve como um comentário pungente sobre as forças inexoráveis que moldam e determinam o objetivo de cada ser vivo. Através das personagens da donzela e da velha índia, London retrata artisticamente a natureza predeterminada das suas tarefas, realçando as leis inflexíveis que governam o ciclo da vida e da morte.

As duas passagens seguintes do texto demonstram a lei inexorável da vida, que será analisada mais adiante:

Houve o tempo da Grande Fome, quando os velhos se agachavam de barriga vazia junto ao fogo e deixavam cair dos seus lábios tradições obscuras do antigo dia em que o Yukon corria aberto durante três Invernos e depois ficava congelado durante três Verões. E, durante a longa escuridão, as crianças choravam e morriam, e as mulheres, e os velhos; e nem um em cada dez membros da tribo vivia para encontrar o sol quando este regressava na primavera. Isso foi uma fome! (1, p. 42-43)

Neste excerto pungente da obra de Jack London "The Law of Life", desenrola-se um episódio duro e implacável, que põe a nu a dura realidade da existência na paisagem implacável do Yukon. A narrativa descreve vividamente uma altura em que o rio Yukon, seguindo normalmente o seu curso natural, se desviou dramaticamente - congelando durante três Invernos e permanecendo congelado durante três Verões. Este desvio extraordinário da ordem natural prevista preparou o terreno para um acontecimento catastrófico - a Grande Fome.

A fome, uma manifestação da lei implacável da vida, surge como um lembrete pungente da realidade inevitável da morte. A natureza, muitas vezes vista como uma força imparcial, torna-se o árbitro decisivo do destino, submetendo a tribo a um teste inabalável de sobrevivência. As tradições partilhadas pelos velhos ecoam a natureza cíclica da vida, em que os momentos de abundância são inevitavelmente contrabalançados por períodos de privação absoluta.

Esta fome extrema, marcada pelos lamentos assombrosos das crianças, pela angústia das mulheres e pela morte dos idosos, serve como uma recordação gritante de que todos os seres vivos, independentemente das suas forças ou vulnerabilidades, têm de acabar por enfrentar o destino inexorável - a morte. A fome torna-se um cadinho, pondo à prova a resiliência e a fortaleza da tribo, que se debate não só com os desafios físicos da escassez, mas também com a profunda verdade existencial de que a abundância da vida é transitória e a morte é uma companheira sempre presente.

Através deste retrato vívido, London cria uma narrativa que transcende as dificuldades específicas enfrentadas pela tribo no Yukon. Em vez disso, torna-se uma reflexão universal sobre a natureza cíclica da vida, onde períodos de abundância e escassez são tecidos no próprio tecido da existência. A Grande Fome torna-se um símbolo, um quadro cru que ilustra a lei intemporal e inflexível da vida - a morte é uma realidade inevitável que ensombra todos os seres vivos.

Mas também tinha visto tempos de abundância, quando a carne se estragava nas suas mãos, e os cães ficavam gordos e inúteis com o excesso de comida - tempos em que deixavam a caça por matar, e as mulheres eram férteis, e os alojamentos estavam apinhados de homens-crianças e mulheres-crianças. Foi então que os homens se tornaram de estômago alto e reavivaram antigas querelas, e atravessaram as divisões para sul para matar os Pellys, e para oeste para se sentarem junto às fogueiras mortas dos Tananas.(1, p. 43)

O segundo excerto de "A Lei da Vida" de Jack London desloca a sua lente narrativa para tempos contrastantes caracterizados pela abundância. Nesta exploração, a história aprofunda a intrincada interação entre as forças imprevisíveis da natureza e as acções impulsionadas pela natureza humana. Durante os períodos de abundância, quando a carne é abundante e os cães engordam, a natureza inerente dos humanos é posta a nu. Em vez de fomentar a cooperação, esta abundância torna-se um catalisador de conflitos, ressuscitando antigas querelas.

Este aspeto da narrativa mergulha nas facetas mais obscuras da natureza humana, revelando uma propensão para a violência, mesmo quando as necessidades básicas são ostensivamente satisfeitas. A narrativa sugere que a lei da vida, encapsulada pela realidade inescapável da morte, pode ser ainda mais complicada pelas tendências destrutivas inerentes ao comportamento humano. A busca de domínio e poder, em vez de diminuir em tempos de abundância, intensifica-se. Essa elevação da competição resulta em conflitos, rivalidades e, inevitavelmente, na morte.

O retrato que London faz da dupla natureza da vida sublinha uma verdade desconcertante: mesmo quando as condições externas parecem favoráveis, a sombra da mortalidade persiste. A natureza humana, impulsionada por motivações complexas, pode exacerbar os desafios colocados pela lei mais alargada da vida. Nesta análise, a narrativa serve como um conto de advertência, incitando os leitores a reconhecer que a luta pela sobrevivência não é apenas ditada por circunstâncias externas, mas está profundamente entrelaçada com a intrincada e por vezes perigosa dinâmica do comportamento humano. A abundância, que poderia ser uma fonte de unidade e de bem-estar coletivo, torna-se, paradoxalmente, um terreno fértil para conflitos internos, sublinhando a tensão perpétua entre a imprevisibilidade da natureza e as complexidades da natureza humana no contexto mais vasto da lei inflexível da vida - a morte.

Na exploração destes dois excertos pungentes de "A Lei da Vida", de Jack London, surge uma perspetiva matizada da lei da vida, revelando uma interação complexa entre as forças implacáveis da natureza e a intrincada dinâmica da natureza humana.

A natureza, caracterizada pelos seus ciclos caprichosos e imprevisíveis, surge como uma força inabalável que impõe a verdade imutável da mortalidade. Quer se manifeste através da angustiante Grande Fome ou dos conflitos internos nascidos em tempos de abundância, a morte é uma companheira sempre presente na jornada da vida. O Yukon, representado como um palco vasto e implacável, torna-se o pano de fundo para a intrincada dança entre o mundo natural e as acções humanas.

Na sua essência, "A Lei da Vida" serve como um convite aos leitores para contemplarem as dimensões multifacetadas da lei da vida. As narrativas revelam os padrões cíclicos ditados pelos caprichos da natureza, onde períodos de abundância são inevitavelmente seguidos de escassez. Simultaneamente, as complexidades introduzidas pela natureza humana são postas a nu. A história sublinha a inevitabilidade da morte, uma realidade omnipresente desencadeada tanto pelos caprichos do ambiente como pelas facetas mais obscuras do comportamento humano.

O Yukon, símbolo da tela mais ampla da vida, torna-se um teatro onde forças externas e impulsos internos convergem, moldando o destino de todos os seres vivos. A narrativa abstém-se de retratar a natureza como uma força benevolente ou malévola; em vez disso, ela é um árbitro indiferente do drama que se desenrola na vida. A natureza humana, com as suas motivações intrincadas e, por vezes, tendências destrutivas, acrescenta uma camada de complexidade à narrativa, intensificando os desafios colocados pela lei global da vida.

Em última análise, a reflexão sobre as forças entrelaçadas que moldam a trajetória da vida serve como um lembrete pungente de que, independentemente das circunstâncias externas, todos os seres vivos têm de sucumbir à lei inflexível da vida-morte. A narrativa de London incentiva os leitores a mergulhar na profunda interligação entre a natureza e a existência humana, incitando à contemplação do delicado equilíbrio entre as forças externas e as dinâmicas internas que moldam a intrincada tapeçaria da jornada da vida.

O uivo familiar e prolongado quebrou o vazio, e estava próximo. Então, nos seus olhos escurecidos, foi projectada a visão do alce - o velho alce-touro - os flancos rasgados e os flancos ensanguentados, a crina esmigalhada e os grandes chifres ramificados, baixos e a balançar até ao fim. (1, p. 4849)

Nesta passagem de "The Law of Life" de Jack London, a descrição vívida do alce, em particular do velho alce-touro com os flancos rasgados, os flancos ensanguentados, a crina esmigalhada e os grandes chifres ramificados, serve de metáfora poderosa ligada ao percurso de vida de Koskoosh.

Em criança, Koskoosh testemunhou a luta primordial entre predador e presa na natureza selvagem. O uivo que rompe o vazio assinala o perigo inerente e a dura realidade da sobrevivência na natureza. Este episódio de infância exemplifica o determinismo naturalista, uma vez que o alce se torna uma representação simbólica das forças implacáveis da natureza, onde a luta pela existência é marcada pela violência e pela predação. As imagens vívidas do alce rasgado e ensanguentado reflectem a brutalidade da natureza, ilustrando o ciclo determinista da vida, da morte e da luta pela sobrevivência.

Quando Koskoosh está à beira da morte, o reaparecimento da visão do alce torna-se uma metáfora pungente. O velho alce-touro, marcado pelos seus ferimentos e pela inevitabilidade da sua morte, torna-se um reflexo da própria viagem de Koskoosh. A crina escarranchada e os grandes chifres ramificados, baixos e a arremessarem-se até ao fim, simbolizam as lutas, as derrotas e a resiliência face à mortalidade.

A visão recorrente do alce nos momentos finais de Koskoosh alinha-se com os princípios do determinismo naturalista. O alce, tal como Koskoosh, está sujeito às leis imutáveis da natureza - nascimento, luta e morte. A ligação metafórica entre o alce e Koskoosh realça a natureza determinista dos ciclos de vida, em que os indivíduos, tal como o velho alce-touro, lutam contra as forças inexoráveis da natureza.

A ligação metafórica entre a caça de infância e a visão

moribunda serve de dispositivo narrativo para transmitir o determinismo naturalista incorporado na história. O alce torna-se um símbolo das lutas da vida, da mortalidade e da natureza cíclica da existência. As experiências de Koskoosh, desde testemunhar a caça primordial em criança até visualizar o alce ferido nos seus momentos finais, encapsulam o tema abrangente de que a vida, em todas as suas facetas, é ditada pelas forças implacáveis e deterministas da natureza. O alce, em ambos os casos, é um espelho que reflecte as duras realidades da existência, sublinhando a inevitabilidade da morte e o profundo impacto das forças naturalistas em todos os seres vivos.

De novo viu a última posição do velho alce touro, e Koskoosh deixou cair a cabeça, cansado, sobre os joelhos. Afinal, o que é que isso importava? Não era a lei da vida? (1, p. 49-50)

"A Lei da Vida" de Jack London tece intrincadamente o tema do determinismo naturalista, retratando o ciclo da vida, a morte e a influência inflexível da natureza. Koskoosh, um velho que enfrenta os seus últimos momentos, reflecte sobre a sua vida, em particular sobre a memória pungente do velho alce touro. Neste ensaio, mergulhamos na exploração profunda do determinismo naturalista no contexto da morte e da lei da vida.

A natureza, retratada como uma força implacável, é o principal fator determinante na vida dos seres humanos e dos animais da história. A selva implacável, caracterizada pelas suas paisagens agrestes e habitantes predadores, torna-se o palco onde se desenrola o drama da vida. A narrativa de London sublinha a brutalidade inerente à natureza, onde a sobrevivência é uma luta perpétua contra os elementos e uns contra os outros.

A visão recorrente do velho alce-touro torna-se um símbolo potente no quadro do determinismo naturalista. O alce, com os seus flancos rasgados, os seus flancos ensanguentados e os seus grandes chifres ramificados, simboliza as lutas e a inevitável mortalidade que a lei da vida implica. O alce não é apenas uma criatura selvagem, mas uma metáfora das batalhas existenciais que todos os seres enfrentam no duro teatro da natureza.

O reconhecimento cansado de Koskoosh da última resistência do alce reflecte uma profunda aceitação da morte como uma realidade inevitável. No quadro naturalista, a morte não é apenas um fim pessoal, mas uma lei universal - uma componente fundamental do ciclo da vida. Todos os seres vivos, humanos ou alces, estão sujeitos a esta lei imutável, e a resistência é inútil face ao poder indomável da natureza.

O determinismo naturalista, tal como é retratado na história, enfatiza a natureza cíclica da vida. Nascimento, luta e morte estão interligados, formando uma cadeia inquebrável ditada por forças externas. A visão do alce serve como um lembrete pungente de que a vida é uma jornada transitória, marcada por lutas inevitáveis e a eventual rendição às forças abrangentes da natureza.

No culminar da narrativa, o ato de Koskoosh de deixar cair a cabeça cansada sobre os joelhos está carregado de um significado profundo. É um reconhecimento, não de derrota, mas de aceitação - uma aceitação cansada da lei da vida. O velho, tal como o alce, passou pelas suas próprias lutas e batalhas. A sua viagem alinha-se com os princípios deterministas da natureza, onde cada indivíduo está sujeito às mesmas leis que governam a natureza selvagem.

A pergunta reflexiva de Koskoosh, "Não era a lei da vida?", resume a mensagem central da história. A lei da vida, tal como descrita através da lente do determinismo naturalista, transcende as experiências individuais. É uma verdade universal que se estende para além dos limites da existência humana, abrangendo todo o ecossistema. O reconhecimento desta lei torna-se um fio condutor que liga todos os seres vivos a um destino comum.

Em "A Lei da Vida", Jack London emprega magistralmente o determinismo naturalista para explorar a interconexão da vida e da morte na vasta extensão da natureza. O velho alce-touro, como entidade simbólica, torna-se um reflexo das lutas, provações e morte inevitável que definem a lei da vida. A aceitação cansada de Koskoosh, em sintonia com o tema mais vasto, sublinha a compreensão profunda de que, na grande tapeçaria da existência, a morte não é um desvio, mas uma parte integrante da força implacável e determinista que governa todos os seres vivos. A história, através da exploração de princípios naturalistas, convida à contemplação das leis imutáveis que moldam o destino de cada ser na intrincada dança da vida e da morte.

II.2. A Representação da Luta pela Sobrevivência e da Resiliência da Personagem no Conto "A Doença do Chefe Solitário

"The Sickness of Lone Chief", de Jack London, é um conto emocionante que aborda o choque entre as crenças tradicionais dos nativos americanos e a invasão da cultura ocidental. A narrativa gira em torno de Lone Chief, um proeminente líder tribal, que adoece misteriosamente. A doença confunde tanto os curandeiros da tribo como o médico branco recém-chegado.

A história tem como pano de fundo uma paisagem em mudança, simbolizando a intrusão da civilização ocidental nos costumes tradicionais dos nativos americanos. A doença do chefe solitário torna-se uma metáfora da doença que invade a comunidade nativa americana à medida que as suas terras ancestrais são ocupadas e o seu modo de vida é perturbado.

Os curandeiros da tribo, que representam as práticas espirituais tradicionais, são incapazes de diagnosticar ou curar a doença do Chefe Solitário. Numa tentativa desesperada de salvar o seu líder, a tribo recorre com relutância ao médico branco, que representa a influência da medicina e da cultura ocidentais. O choque entre estes dois sistemas de crenças acrescenta uma camada de tensão à narrativa.

À medida que o estado de saúde de Lone Chiefs se agrava, a tribo enfrenta um dilema: aderir às suas práticas tradicionais ou adotar as novas práticas oferecidas pelo médico branco. A história navega habilmente pelas complexidades da colisão cultural, ilustrando os desafios e conflitos que surgem quando duas visões do mundo muito diferentes colidem.

Na resolução, o destino do Chefe Solitário torna-se um comentário pungente sobre o preço da rutura cultural. A história sugere que a doença que aflige o Chefe Solitário pode ser mais do que uma doença física; simboliza a erosão das tradições dos nativos americanos e o profundo impacto da deslocação cultural.

"A Doença do Chefe Solitário" é uma exploração instigante do choque cultural e do seu impacto nos indivíduos e nas comunidades. Através da doença misteriosa do Chefe Solitário, Jack London levanta questões sobre identidade, espiritualidade e as consequências de longo alcance da interferência cultural. A história serve como uma reflexão pungente sobre os desafios enfrentados pelas comunidades indígenas ao lidarem com as forças transformadoras da colonização e da modernização.

Quem se importava com a tradição nesses dias, quando os espíritos podiam ser evocados de garrafas pretas, e as garrafas pretas podiam ser evocadas dos complacentes homens brancos por algumas horas de suor ou uma pele sarnenta? De que valiam os temíveis ritos e os mistérios mascarados do xamanismo, quando todos os dias aquela maravilha viva, o barco a vapor, tossia e esguichava para cima e para baixo no Yukon, desafiando todas as leis, um verdadeiro monstro cuspidor de fogo? E de que valia o prestígio hereditário, quando aquele que agora cortava mais lenha, ou melhor conduzia uma roda de popa através dos labirintos da ilha, alcançava a maior consideração dos seus companheiros? (2, p. 139-140)

Em "The Sickness of Lone Chief", de Jack London, a narrativa explora um mundo em mudança, onde as crenças e práticas tradicionais dos nativos americanos colidem com a invasão da cultura e da tecnologia ocidentais. No centro desta dinâmica está o conceito evolutivo de poder, um tema intrinsecamente tecido no tecido da história.

No centro da narrativa está uma profunda mudança nas fontes de poder dentro da comunidade nativa americana. As linhas iniciais questionam de forma pungente a relevância da tradição face à influência transformadora da civilização ocidental. Os outrora poderosos rituais xamanísticos e o prestígio hereditário são retratados como perdendo o seu significado num mundo em que os espíritos podem ser invocados a partir de "garrafas negras" (álcool) e a dinâmica do poder é remodelada por competências tangíveis e utilitárias, como cortar lenha e navegar em barcos a vapor através dos cursos de água do Yukon.

A ideia de poder na natureza está intrinsecamente ligada ao princípio da sobrevivência do mais apto. No mundo natural, a força e a adaptabilidade determinam a capacidade de um organismo prosperar e reproduzir-se. Do mesmo modo, a narrativa sugere um paralelo na sociedade humana, onde os marcadores tradicionais de poder - ritos xamanísticos e prestígio hereditário - são eclipsados por competências práticas que contribuem diretamente para o bem-estar da comunidade.

O barco a vapor é emblemático desta dinâmica de poder transformadora. É descrito como um "verdadeiro monstro cuspidor de fogo", um símbolo dos avanços tecnológicos que alteraram o equilíbrio tradicional de poder. A narrativa sublinha implicitamente a ideia de que, face a estas forças transformadoras, o mais forte não é necessariamente aquele que possui proezas físicas, mas aquele que consegue aproveitar o poder do conhecimento e adaptar-se às circunstâncias em mudança.

A natureza evolutiva do poder também se reflecte na mudança de um modelo de liderança baseado na força física para um modelo que valoriza as contribuições práticas. Aquele que "cortava mais lenha" ou conduzia habilmente uma roda de popa pelos labirintos da ilha ganhava a "maior consideração". Esta transição reflecte o conceito evolutivo mais amplo de que a sobrevivência favorece aqueles que se adaptam ao ambiente em mudança.

Na história, a reformulação da dinâmica do poder desafia as noções tradicionais de liderança e autoridade. Leva a uma reavaliação do que constitui força e influência num mundo onde o barco a vapor, um produto do engenho humano, desafia as leis da natureza. A narrativa sugere subtilmente que a mente e o conhecimento, representados pela capacidade de operar o barco a vapor, emergem como as novas fontes de força e poder.

Em conclusão, "The Sickness of Lone Chief" investiga a ideia de poder no contexto de um mundo em mudança. A narrativa ilumina a dinâmica de mudança das práticas xamanísticas tradicionais e do prestígio hereditário para competências e conhecimentos práticos. A natureza, na sua lógica evolutiva, favorece a adaptabilidade e a capacidade de aproveitar as novas tecnologias. A história levanta questões estimulantes sobre as forças transformadoras que redefinem o poder, desafiando os paradigmas tradicionais e realçando a adaptabilidade e a resiliência inerentes à experiência humana.

E os anciãos da tribo reuniram-se à minha volta, onde eu estava deitado, e discutiram a viagem que a minha alma deve fazer. Um falou das florestas densas e intermináveis onde as almas perdidas vagueavam chorando, e onde eu também poderia vaguear e nunca ver o fim. E outro falava dos grandes rios, rápidos com água má, onde os espíritos maus gritavam e levantavam os seus braços sem forma para nos arrastarem pelos cabelos. (2, p. 144)

No coração do Yukon, no meio de vastas extensões de natureza selvagem indomada, a ligação entre os humanos e a natureza é tecida no próprio tecido da existência. A história desenrola-se com uma cena pungente em que os anciãos da tribo se reúnem à volta de uma figura deitada, contemplando a viagem que a alma deve empreender após a morte. Este momento serve como uma janela para o profundo sistema de crenças indígena que entrelaça a vida, a morte e a eterna dança com a natureza.

"Os naturalistas abster-se-iam, em geral, de completar a realidade natural com factores determinantes supranaturais.... [A natureza é] completa, sem buracos teologicamente relevantes" (10), diz-nos o naturalista religioso holandês Willem Drees. Esta afirmação sugere que os naturalistas, particularmente o naturalista religioso holandês Willem Drees, tendem a evitar a introdução de elementos sobrenaturais para explicar a realidade. Drees enfatiza que a natureza, de acordo com a perspetiva naturalista, é inteira e autónoma, sem quaisquer lacunas teologicamente significativas. Por outras palavras, a visão naturalista do mundo rejeita a necessidade de explicações sobrenaturais e considera o mundo natural como abrangente e autossuficiente, sem necessitar de intervenções divinas ou metafísicas para explicar a sua completude.

Para os povos indígenas, a vida não se limita a uma existência finita, mas está intrinsecamente ligada aos ritmos em constante mudança da natureza. Os anciãos, os sábios guardiões do conhecimento ancestral, personificam a relação íntima entre a tribo e o mundo natural. Ao discutirem a viagem da alma, as suas palavras ecoam a crença de que, mesmo na morte, os seres humanos continuam a ser uma parte indispensável da maior tapeçaria da natureza.

A menção de florestas densas e intermináveis onde as almas perdidas vagueiam e choram revela uma visão de uma vida após a morte profundamente entrelaçada com o reino natural. Nos sistemas de crenças indígenas, as florestas não são apenas entidades físicas, mas paisagens espirituais onde as almas dos que partiram continuam a sua viagem. A extensão interminável de árvores torna-se uma metáfora da continuidade da vida, onde as almas vagueiam como errantes perdidos, ainda ligados à própria essência da terra.

A narrativa leva-nos ainda mais longe na geografia espiritual com a descrição de grandes rios, rápidos com água má, assombrados por espíritos malignos. Aqui, a natureza não é apenas um pano de fundo passivo, mas um participante ativo na saga contínua da existência. Os rios, outrora linhas de vida para os vivos, tornam-se canais para os espíritos, transportando-os através dos reinos invisíveis. Os gritos e os braços sem forma dos espíritos malignos enfatizam a natureza dupla da natureza - um ambiente que nutre a vida e que, nas suas profundezas, encerra mistérios e desafios.

A perspetiva indígena vê os seres humanos como componentes integrais da natureza e não como entidades separadas. A crença na continuação da vida após a morte está enraizada no entendimento de que a vida e a natureza são inseparáveis. As discussões dos anciãos pintam um quadro vívido de uma visão do mundo onde as transições entre a vida e a morte são perfeitas, onde o espírito humano embarca numa viagem através das paisagens que têm sido parte integrante da existência terrena.

Esse sistema de crenças desafia as noções ocidentais convencionais de uma demarcação clara entre vida e morte. Para os povos indígenas, a vida não termina; ela se transforma, transcendendo os limites físicos do corpo. A natureza, com suas florestas extensas e rios caudalosos, torna-se a tela sobre a qual a vida após a morte é pintada - um reino onde os espíritos navegam pelos contornos da terra, ecoando o eterno ciclo de nascimento, vida, morte e renascimento.

A contemplação dos anciãos sobre a viagem da alma transcende o reino mortal e convida-nos a refletir sobre a interligação de todas as coisas. Reflecte uma visão do mundo em que a morte não é um fim, mas uma continuação, um regresso ao abraço do mundo natural que sustenta e embala a vida. Nas crenças indígenas, os seres humanos não são meros observadores da natureza; são participantes activos, ligados à terra na vida e para além dela.

Em conclusão, a narrativa revela uma rica tapeçaria de crenças indígenas que esbatem as fronteiras entre a vida e a morte, os seres humanos e a natureza. A discussão dos anciãos serve de porta de entrada para uma visão do mundo em que a continuação da vida após a morte é inseparável das vastas paisagens e das forças elementares que moldam a nossa existência terrena. É um lembrete de que, na grande tapeçaria da existência, os seres humanos são apenas um fio, intrincadamente tecido no tecido da natureza, onde a vida persiste, transcendendo os limites do tempo e do corpo físico.

Eu sabia que tinha matado e o sabor do sangue tornava-me feroz e eu enfiei o meu remo no peito do Yukon e empurrei a minha canoa em direção à aldeia dos Mukumuks. Os jovens atrás de mim deram um grande grito. Olhei por cima do ombro e vi a água a espumar branca dos seus remos. (2, p. 151)

Na selva indomada ao longo do Yukon, a história desenrola-se numa cena visceral em que o protagonista se debate com os instintos primordiais que surgem dentro de si. O sabor do sangue, uma essência elementar e evocativa, desperta uma vitalidade feroz que o impele para a frente, impulsionando a sua canoa em direção à aldeia dos Mukumuks. Este momento crucial encapsula as profundas correntes subjacentes ao determinismo naturalista, onde os instintos que correm nas nossas veias estão profundamente enraizados na nossa ligação com a natureza.

Os instintos humanos, moldados por milénios de evolução, são o produto de uma intrincada dança entre a genética e o ambiente. Nesta narrativa da natureza selvagem, o sabor do sangue torna-se um catalisador, um gatilho sensorial que impele o protagonista para um estado de consciência e ação elevados. A própria essência do sangue, com as suas conotações primordiais de vida e de sustento, entra em contacto com um antigo reservatório de instintos codificados no nosso ADN. A teoria do gene egoísta foi-nos dada por Richard Dawkins. Na verdade, ele não se refere ao gene em si. Em vez disso, Dawkins afirma que é a sequência de ADN - que inclui tanto os genes como o ADN inútil - que conduz a seleção natural. (7) Esta afirmação sugere que a sequência de ADN, que contém tanto genes como ADN "lixo" não codificante, desempenha um papel crucial no processo de seleção natural. Isto significa que a informação genética, incluindo tanto as partes funcionais como as aparentemente não funcionais, influencia a forma como as espécies evoluem ao longo do tempo através da seleção natural.

A reação do protagonista ao sabor do sangue é uma expressão crua e sem filtros do determinismo naturalista. A natureza, com o seu implacável imperativo de sobrevivência, incorporou em nós uma complexa tapeçaria de instintos concebidos para enfrentar os desafios do ambiente. Neste caso, o sabor do sangue actua como um sinal primitivo, invocando uma resposta instintiva que transcende o pensamento consciente.

O sentido do olfato, outra faculdade primordial, é uma força potente na tapeçaria dos instintos. Na natureza selvagem, onde o ar está saturado com a miríade de aromas do mundo natural, o olfato torna-se uma ferramenta essencial para a sobrevivência. Os animais dependem dele para detetar predadores ou presas, e os seres humanos também têm instintos olfactivos que podem ser despertados por estímulos específicos. O protagonista, impulsionado pelo cheiro do sangue, move-se com uma urgência ditada por estes instintos olfactivos profundamente enraizados.

O determinismo naturalista, no contexto desta narrativa,

manifesta-se através da interação de estímulos sensoriais e respostas instintivas. O sabor e o cheiro do sangue actuam como gatilhos que desencadeiam uma cascata de comportamentos, ecoando os imperativos primordiais que guiaram a sobrevivência humana e animal durante eras. O remar do protagonista em direção à aldeia, alimentado pelo impulso dos instintos, reflecte a natureza determinista destas respostas face a sinais ambientais específicos.

O simbolismo da água, sob a forma do Yukon, acrescenta outra camada à narrativa. A água, um elemento fundamental no mundo natural, carrega consigo um sentido de fluxo e continuidade. A ação do protagonista de conduzir o seu remo para o seio do Yukon alinha-se com o fluxo inexorável da natureza, uma metáfora da marcha implacável dos instintos que impulsionam a vida.

Os jovens atrás dele, respondendo ao grito do protagonista, tornam-se parte desta manifestação colectiva de instintos. No branco espumoso dos seus remos, assistimos a uma onda comunitária impulsionada por um reconhecimento partilhado das pistas ambientais - sangue, cheiro, urgência - que activam as suas respostas inatas. Esta resposta instintiva colectiva sublinha a natureza comunitária do determinismo naturalista, em que os desafios ambientais partilhados unem os indivíduos numa dança sincronizada com a natureza.

Em conclusão, a cena ao longo do Yukon ilustra vividamente a intrincada dança entre os instintos humanos e as forças da natureza. O sabor e o cheiro do sangue, estímulos elementares, evocam respostas profundamente enraizadas na história evolutiva da nossa espécie. Esta interação entre os estímulos sensoriais e as respostas instintivas encerra a essência do determinismo naturalista, em que os nossos comportamentos, impulsionados por sinais ambientais, ecoam o imperativo intemporal da sobrevivência, tecido no próprio tecido do nosso ser. A natureza selvagem torna-se um palco onde o drama dos instintos se desenrola, um lembrete de que, apesar do verniz da civilização, a nossa natureza primordial continua a ser parte integrante da vasta e indomável tapeçaria do mundo natural.

E seguimos o Chefe Solitário até ao fim da aldeia e voltámos para trás", continuou Mutsak. "Como uma matilha de lobos, seguimo-lo, para trás e para a frente, aqui e ali, até não restarem mais Mukumuks para lutar. (2, p. 152-153)

No coração da aldeia, uma cena transformadora desenrola-se quando Mutsak conta a perseguição implacável do Chefe Solitário e dos seus guerreiros. A imagem de uma alcateia de lobos, um símbolo profundamente enraizado na natureza, fornece uma tapeçaria rica para compreender a dinâmica da luta e as correntes subjacentes ao determinismo naturalista que impulsionam as acções destes guerreiros.

O próprio Charles Darwin fez uma tentativa de naturalismo ético, selecionando da natureza a ética da matilha de lobos em vez da ética do lobo solitário. "À medida que o homem avança na civilização e as pequenas tribos se unem em comunidades maiores, a razão mais simples diria a cada indivíduo que ele *deveria* estender os seus instintos sociais e simpatias a todos os membros da mesma nação, embora pessoalmente desconhecidos para ele". (8) Assim, inspirados pela natureza, os seres humanos deveriam seguir uma ética social semelhante à das alcateias de lobos, em vez de actuarem como indivíduos solitários. À medida que as sociedades crescem, Darwin acreditava que era natural que as pessoas estendessem os seus cuidados e empatia a todos na sua comunidade alargada, mesmo que não conhecessem pessoalmente cada indivíduo. Os lobos, venerados pela sua mentalidade de matilha e proeza como caçadores, incorporam um simbolismo complexo que ressoa com a experiência humana. Quando Mutsak descreve os guerreiros que seguem o Chefe Solitário como uma alcateia de lobos, introduz camadas de significado na narrativa que se desenrola. A matilha de lobos torna-se uma metáfora, uma lente através da qual podemos analisar a coesão, a estratégia e a natureza instintiva dos Mukumuks na sua busca de um objetivo comum.

Antes de mais, a alcateia de lobos simboliza a unidade e a força colectiva. Os lobos são conhecidos pela sua capacidade de trabalhar em conjunto sem problemas, aproveitando as suas forças individuais em benefício da alcateia. No contexto da luta, os Mukumuks, sob a liderança do Chefe Solitário, imitam este espírito coletivo. Os guerreiros movem-se em uníssono, coordenando as suas acções, tal como uma matilha de lobos na caça. Essa unidade é uma manifestação do determinismo naturalista - um entendimento inerente de que, diante de ameaças externas, a ação coletiva aumenta as chances de sobrevivência.

A imagem de uma alcateia de lobos também fala da capacidade estratégica dos Mukumuks. Os lobos são caçadores astutos, que empregam tácticas e movimentos coordenados para ultrapassar as suas presas. Na luta descrita por Mutsak, os mukumuks exibem uma perspicácia estratégica semelhante à de uma matilha de lobos cercando seu alvo. Os seus movimentos para trás e para a frente, descritos como "para trás e para a frente, e aqui e ali", sugerem uma abordagem tática, uma fluidez em resposta à dinâmica da luta. Este comportamento estratégico reflecte uma forma de determinismo naturalista - uma compreensão instintiva de como enfrentar os desafios do ambiente.

Além disso, o símbolo da alcateia de lobos carrega conotações de instintos primordiais. Os lobos confiam em instintos de sobrevivência profundamente arraigados, aperfeiçoados ao longo de gerações. Da mesma forma, os Mukumuks, na sua luta, recorrem a um reservatório de instintos primordiais que orientam as suas acções. A perseguição ao chefe solitário, comparada a uma matilha de lobos, ressalta a natureza instintiva de sua resposta à ameaça. A luta torna-se uma encarnação do determinismo naturalista, em que instintos arraigados ditam o curso da ação face ao perigo.

O símbolo da alcateia de lobos também encerra um sentido de comunidade e de objetivo partilhado. Os lobos de uma alcateia colaboram não só para a sobrevivência, mas também para o bem-estar de todo o grupo. Os Mukumuks, na sua busca unificada, reflectem uma comunidade ligada por um objetivo partilhado. As suas acções não são meramente individualistas, mas sim impulsionadas por um ethos coletivo - uma manifestação do determinismo naturalista que reconhece a força derivada dos esforços comuns.

Além disso, a utilização do símbolo da alcateia de lobos realça a adaptabilidade. Os lobos são conhecidos pela sua capacidade de se adaptarem a diferentes ambientes e desafios. Na luta, os Mukumuks demonstram uma adaptabilidade semelhante, movendo-se "para trás e para a frente, aqui e ali", ajustando as suas tácticas com base na dinâmica evolutiva do confronto. Essa adaptabilidade é um aspeto essencial do determinismo naturalista - um reconhecimento de que a sobrevivência depende da capacidade de se ajustar às circunstâncias em mudança.

Em conclusão, a representação vívida do Chefe Solitário e dos seus guerreiros como uma alcateia de lobos acrescenta camadas de significado à narrativa. O símbolo encapsula unidade, estratégia, instintos primordiais, comunidade e adaptabilidade - elementos-chave que se alinham com os princípios do determinismo naturalista. Quando os Mukumuks seguem o Chefe Solitário, tornam-se uma encarnação viva da intrincada interação entre o comportamento humano e o mundo natural, onde os instintos e a ação colectiva moldam a sua resposta aos desafios colocados pelo seu ambiente.

"E perante as minhas palavras, e porque ele era muito velho, o meu pai, a Lontra, chorou como uma mulher e pôs os braços à volta dos meus joelhos. E a partir desse dia eu era chefe e xamã. E grande honra foi a minha, e todos os homens me obedeceram."

"Até o barco a vapor chegar", disse Mutsak.

"Sim", disse o Chefe Solitário. ' Até o barco a vapor chegar." (2, p. 155)*

Na terra selvagem onde vivia a tribo do Chefe Solitário, o poder estava intimamente ligado aos altos e baixos da natureza. O Chefe Solitário, um líder sábio e forte, representava a ideia de que os mais fortes sobrevivem na natureza. O facto de se ter tornado chefe e xamã mostrou que conquistou a sua posição enfrentando os desafios do mundo natural.

De acordo com Edward O. Wilson, "os seres humanos estão fortemente predispostos a responder com um ódio irracional a ameaças externas e a aumentar a sua hostilidade o suficiente para ultrapassar a fonte da ameaça por uma margem de segurança respeitável. Os nossos cérebros parecem estar programados da seguinte forma: estamos inclinados a dividir as outras pessoas em amigos e extraterrestres" (16) Edward O. Wilson está a dizer que os seres humanos têm uma forte tendência para reagir com raiva intensa quando se sentem ameaçados. Não só reagimos fortemente, como também tendemos a intensificar muito a nossa raiva para nos certificarmos de que estamos em segurança. Wilson pensa que os nossos cérebros estão programados para ver as pessoas como amigos ou estranhos, e este instinto desempenha um papel importante na forma como reagimos a diferentes situações. Isto está relacionado com a ideia de que os nossos comportamentos são moldados principalmente pela nossa biologia e evolução, um conceito conhecido como determinismo naturalista. A mesma condição pode ser observada na história do Chefe Solitário.

A natureza, com as suas duras condições e dificuldades, transformou o Chefe Solitário num líder forte. Quando o seu pai, a Lontra, chorou ao passar a liderança, demonstrou compreender a regra de que o domínio na natureza advém da força. Ser nomeado chefe e xamã não era apenas uma dádiva; era a prova da força, da sabedoria e da capacidade do Chefe Solitário para lidar com as complexidades da natureza.

O tempo do Chefe Solitário como chefe e xamã foi marcado pela honra e obediência. A tribo seguia-o porque via a sua força e sabedoria. Na tribo, o Chefe Solitário era o principal exemplo do mais forte sobrevivente da natureza. O seu poder provinha do facto de estar em harmonia com as leis da natureza - uma relação equilibrada entre o chefe e o ambiente que o tornava poderoso.

Mas quando o barco a vapor chegou, tudo mudou. O barco a vapor representava forças externas e colonizadores, perturbando o delicado equilíbrio que o Chefe Solitário tinha com a natureza. A dinâmica entre o colonizador e o colonizado, muitas vezes uma história de conquista e controlo, desenrolou-se na natureza selvagem, desafiando a ordem natural que outrora tornou o Chefe Solitário o mais forte.

O barco a vapor, um símbolo da indústria e da influência externa, trouxe um tipo diferente de força - não da sobrevivência na natureza, mas da tecnologia e dos avanços de outro mundo. A força tradicional do chefe solitário, enraizada nos ritmos da natureza, não conseguiu igualar esta nova força. Isto mostra que, quando os colonizadores chegam, alteram frequentemente a dinâmica do poder nas comunidades indígenas, redefinindo a força e a sobrevivência.

Agora, o chefe solitário, que antes era o líder incontestado, enfrentava um adversário poderoso que não seguia as regras da natureza. Os mukumuks, diante dessa força tecnológica, viram uma mudança no poder em que a força tradicional se tornou menos importante em comparação com a força avassaladora da colonização.

A história revela uma triste verdade frequentemente observada após a colonização - o mais forte, de acordo com as regras da natureza, perde para um tipo diferente de força, que utiliza avanços e recursos externos. O barco a vapor, símbolo de uma nova era, mostrava o triunfo de uma ordem diferente que não respeitava as forças tradicionais dos povos indígenas, mas afirmava o domínio através do progresso e da conquista.

Em suma, a história do Chefe Solitário e do barco a vapor mostra a complicada relação entre natureza, força e colonização. A ideia tradicional de que o mais forte sobrevive na natureza enfrenta um grande desafio quando entram em ação forças externas. O barco a vapor, representando os colonizadores, perturba o equilíbrio que o Chefe Solitário tinha, alterando a história de força e sobrevivência. O conto reflecte sobre a forma como a colonização transforma as comunidades indígenas, reformulando a definição de força com influências do exterior.

CAPÍTULO 3. ANÁLISE DAS HISTÓRIAS DE LONDRES

III.1. Análise de "O Silêncio Branco" de Jack London

"O Silêncio Branco" de Jack London é uma exploração profunda da resistência humana, da indiferença da natureza e das complexidades morais da sobrevivência. A história utiliza a dura região selvagem de Yukon como cenário e metáfora de lutas existenciais, incorporando a filosofia naturalista de London.

1. A natureza como força central

Em "O Silêncio Branco", a natureza não é um mero pano de fundo, mas uma presença dominante:

Indiferença da Natureza:

A natureza selvagem é retratada como majestosa mas impiedosa, indiferente ao sofrimento ou à sobrevivência das personagens. A paisagem coberta de neve, vasta e inflexível, reflecte o cosmos indiferente, onde as vidas humanas são fugazes e insignificantes. O frio e o silêncio amplificam a sensação de isolamento, transformando o ambiente num antagonista omnipresente.

Dualidade da Natureza:

A beleza e a serenidade da natureza contrastam com a sua letalidade. O "branco" sugere pureza, mas também significa morte, pois envolve e consome tudo. Esta dualidade reforça a ideia de que a natureza selvagem é, ao mesmo tempo, inspiradora e aterradora.

2. Temas

Sobrevivência e ambiguidade moral:

A história apresenta a sobrevivência como um teste de força, pragmatismo e determinação moral. A decisão de Malemute Kid de deixar Mason para trás demonstra as escolhas difíceis exigidas em situações de vida ou morte. Este ato, embora frio, é necessário para a sobrevivência do grupo. A natureza selvagem elimina as construções sociais, reduzindo a moralidade à praticidade e à sobrevivência.

Ligação humana:

Apesar do ambiente difícil, as relações das personagens - a ligação de Mason com Ruth e a lealdade de Malemute Kid - sublinham a importância do companheirismo. Estas ligações proporcionam o sustento emocional num mundo desolado, mostrando a capacidade da humanidade para resistir através do amor e da solidariedade.

Mortalidade e aceitação:

Os ferimentos e a morte de Mason realçam a inevitabilidade da mortalidade num ambiente hostil. A aceitação do seu destino contrasta com a determinação de Ruth e Malemute Kid em continuar a viagem, reflectindo as diferentes respostas à fragilidade da vida.

O silêncio como tema:

O silêncio da natureza selvagem reflecte o silêncio das personagens, que suprimem as emoções para se concentrarem na sobrevivência. Esta quietude é tanto literal como simbólica, representando a supressão do medo, da dor e do desespero face a uma situação de adversidade esmagadora.

3. As personagens como arquétipos

Pedreiro:

Representa a resiliência e a fragilidade humanas. O seu ferimento demonstra que até os indivíduos mais fortes são vulneráveis perante o poder da natureza. A sua relação com Ruth acrescenta uma camada emocional, mostrando o amor como uma fonte de força mesmo no meio do sofrimento.

Rute:

Encarna o estoicismo, a força silenciosa e a resiliência emocional. Como mulher indígena, reflecte uma compreensão inata da natureza selvagem e dos seus ciclos de vida e morte. O seu silêncio e as suas acções transmitem a sua dor, lealdade e capacidade de adaptação, demonstrando uma força que transcende as palavras.

Malemute Kid:

Um sobrevivente pragmático e experiente, ele representa a sabedoria e as escolhas morais difíceis exigidas pela natureza selvagem. A sua decisão de deixar Mason para trás reflecte a ética utilitária da sobrevivência em condições extremas, onde as emoções têm frequentemente de ser suprimidas.

4. Título: "O Silêncio Branco"

Branco:

Simboliza a paisagem coberta de neve, personificando a

pureza, o isolamento e a morte. A brancura representa o vazio e o vazio da natureza selvagem, onde a existência humana é anulada pela natureza.

Silêncio:

Reflecte a quietude opressiva do ambiente, onde o som e a vida são silenciados pela neve. Simboliza a contenção emocional e o estoicismo necessários para a sobrevivência. Sugere a ausência de civilização e de calor humano na vasta região selvagem.

5. Estilo de escrita

Abordagem naturalista:

As descrições vívidas que London faz do Yukon realçam o poder e a indiferença da natureza selvagem. O seu foco na sobrevivência alinha-se com o naturalismo, destacando as forças deterministas da natureza e os limites da ação humana.

Descrições atmosféricas:

London cria uma atmosfera envolvente, utilizando imagens para evocar a beleza opressiva e o perigo da paisagem. As descrições da vastidão branca e silenciosa contribuem para o tom de pavor e medo da história.

Restrição emocional:

As acções e os silêncios das personagens têm um peso emocional significativo, reflectindo as suas lutas interiores e a dureza da sua realidade.

6. Significado geral

"O Silêncio Branco" é uma meditação sobre a fragilidade da vida humana e a resiliência necessária para resistir num mundo governado por forças naturais indiferentes. A história sublinha:

A inevitabilidade da morte e as complexidades morais da

sobrevivência.

A dualidade da natureza humana - capaz de amor e lealdade, mas forçada a tomar decisões frias e pragmáticas. A beleza e o terror duradouros da natureza selvagem, onde o silêncio se torna uma força física e existencial.

Jack London retrata com mestria a tensão entre o desejo de superação da humanidade e a realidade do poder esmagador da natureza, fazendo de "O Silêncio Branco" uma exploração intemporal da sobrevivência, do sacrifício e da condição humana.

Caraterísticas positivas em "White Silence" de Jack London:

Em "The White Silence" (O Silêncio Branco), de Jack London, o protagonista, embora seja uma figura complexa e algo dura, exibe certas caraterísticas positivas que são essenciais para a sobrevivência na selva implacável. Embora o foco principal da história seja a sua luta para suportar o frio extremo, o isolamento e os desafios do Yukon, há vários traços que se destacam como atributos positivos, tanto nas acções do protagonista como na sua compreensão do mundo natural. Aqui está uma exploração das caraterísticas positivas da história:

1. Resiliência e resistência

O protagonista demonstra uma capacidade de resistência notável ao longo da história. O deserto de Yukon é um ambiente que põe à prova todos os aspectos da sua força física e mental, mas ele continua a avançar. A sua capacidade de suportar o frio extremo e o isolamento sem sucumbir ao desespero é uma caraterística positiva significativa. Num ambiente como este, em que a maioria das pessoas se deixaria ir abaixo, a perseverança do protagonista garante a sua sobrevivência, reflectindo um profundo poço de força interior.

2. Autossuficiência

A autossuficiência do protagonista é uma das suas caraterísticas mais marcantes. Não depende dos outros nem espera por ajuda; em vez disso, recorre às suas próprias capacidades e ao conhecimento da terra para sobreviver. Esta independência é necessária para alguém que navega na selva agreste, onde a ajuda é escassa e a sobrevivência depende da capacidade de tomar decisões rápidas e eficazes. A sua capacidade de depender de si próprio realça a sua força interior e o seu engenho.

3. Praticidade e Pragmatismo

Na história, o protagonista demonstra grande sentido prático e pragmatismo, essenciais para a sobrevivência na natureza selvagem. Avalia as situações com base no que será mais eficaz para a sua sobrevivência, mesmo que essas decisões sejam difíceis ou moralmente ambíguas (como a decisão de abandonar um cão de trenó enfraquecido). Embora estas decisões possam parecer duras, reflectem a sua profunda compreensão da necessidade de sobrevivência e, nas condições implacáveis do Yukon, esta mentalidade prática é uma caraterística positiva.

4. Consciência e compreensão da natureza

O protagonista tem uma consciência muito viva da natureza e do seu poder. Está sintonizado com os ritmos da natureza selvagem e com os sinais de perigo, o que lhe permite navegar eficazmente na paisagem. Esta compreensão do mundo natural é uma competência vital para a sobrevivência num ambiente como este. London explora frequentemente a forma como as personagens têm de se alinhar com a natureza, e a capacidade do protagonista de ler os sinais à sua volta e de se adaptar às condições em mudança é uma força que o ajuda a resistir.

5. Coragem e determinação

O protagonista demonstra coragem ao enfrentar os elementos hostis da natureza selvagem. Ele enfrenta o medo, as condições adversas e o perigo constante com uma vontade determinada de sobreviver. A sua coragem não é a ausência de medo, mas a capacidade de o ultrapassar. Mesmo quando as probabilidades estão contra ele, a sua vontade de viver leva-o para a frente. Esta determinação, aliada à sua resiliência, faz dele uma personagem capaz de suportar os desafios mais severos.

6. Liderança (em relação aos cães)

Embora o protagonista mostre pouca empatia para com os cães, não deixa de demonstrar capacidade de liderança e de tomar decisões rápidas em relação a eles, especialmente quando se trata de gerir a equipa de trenós. Ele sabe que, para sobreviver, os cães têm de ser bem alimentados, mantidos sob controlo e obrigados a trabalhar. As suas capacidades de liderança estão enraizadas nas tácticas de sobrevivência, o que faz dele um líder competente e eficaz em circunstâncias extremas.

7. Adaptabilidade

As condições duras e imprevisíveis da natureza selvagem obrigam o protagonista a adaptar-se. Ele tem de avaliar constantemente a situação e alterar os seus planos em conformidade, quer se trate de ajustar os seus planos de viagem devido ao tempo ou de tomar a difícil decisão de abandonar um cão. A sua capacidade de se ajustar a situações em rápida mudança e de encontrar soluções demonstra a sua mentalidade flexível - uma caraterística vital para sobreviver num lugar onde nada é certo.

8. Força mental

O protagonista possui uma força mental incrível, o que é crucial num ambiente de risco de vida como este. Apesar de enfrentar um isolamento e um medo avassaladores, não sucumbe ao pânico ou ao desespero. A sua capacidade de se manter calmo e de tomar decisões claras sob pressão demonstra uma força de carácter que ultrapassa a resistência física. A resiliência mental é tão importante como a força física em situações de sobrevivência, e a capacidade do protagonista para manter a concentração é uma das suas qualidades mais fortes.

Em "The White Silence", os traços positivos do protagonista, como a resiliência, a autossuficiência, o sentido prático, a coragem, a adaptabilidade e a fortaleza mental, são essenciais para a sua sobrevivência na selva agreste. Embora as suas decisões possam por vezes parecer frias e impiedosas, reflectem a realidade da vida no Yukon, onde a sobrevivência é fundamental. Estas caraterísticas retratam uma pessoa que, embora testada pelos extremos da natureza, recorre à sua força interior e à sua compreensão do mundo para perseverar. Em última análise, os traços positivos do protagonista realçam a natureza complexa da sobrevivência humana face a uma adversidade esmagadora.

Caraterísticas negativas em "White Silence" de Jack London:

Em "O Silêncio Branco", de Jack London, o protagonista

apresenta algumas caraterísticas negativas, muitas vezes resultantes do ambiente agreste e do isolamento extremo que enfrenta no deserto. Estas caraterísticas contribuem para a sua sobrevivência, mas também demonstram os aspectos mais sombrios da natureza humana quando levada aos seus limites. Seguem-se as caraterísticas negativas que surgem na história:

1. Dureza e distanciamento emocional

Um dos traços mais negativos do protagonista é o seu distanciamento emocional. O frio avassalador, a solidão e o perigo da natureza selvagem fizeram com que ele se tornasse endurecido e distante. Tem dificuldade em sentir empatia ou ligação emocional com o mundo que o rodeia, e este distanciamento é especialmente evidente nas suas interações com os cães de trenó e com o ambiente que o rodeia. A sua frieza para com os cães e a natureza selvagem contrasta com o calor e a humanidade que se poderia esperar em ambientes mais civilizados, realçando como a sobrevivência em condições tão duras pode desumanizar uma pessoa.

2. Crueldade

O protagonista mostra um certo grau de crueldade nas suas relações com os cães de trenó, que são essenciais para a sua sobrevivência. Embora os alimente e cuide deles até certo ponto, está disposto a tomar decisões brutais para a sua própria sobrevivência. Por exemplo, quando um cão se torna um fardo, o protagonista não hesita em deixá-lo para trás, mostrando uma vontade inabalável de sacrificar a vida dos que estão ao seu cuidado, se isso significar melhorar as suas hipóteses de sobrevivência. Este pragmatismo é essencial no ambiente agreste do Ártico, mas também demonstra uma falta de compaixão que pode ser vista como uma caraterística negativa.

3. Egocentrismo e solidão

A tendência do protagonista para ser egocêntrico torna-se evidente na sua enorme concentração na sua própria sobrevivência. Embora a natureza selvagem exija um certo grau de autossuficiência, a extensão da sua obsessão com o seu próprio bem-estar leva-o ao isolamento emocional. Ele guarda os seus pensamentos, sentimentos e lutas em grande parte para si próprio, rejeitando ou ignorando potenciais laços sociais com os outros. O facto de se concentrar excessivamente na sua sobrevivência torna-o cego para outros aspectos da vida, diminuindo a sua capacidade de se relacionar significativamente com o mundo ou com os outros, contribuindo para o seu distanciamento emocional.

4. Pessimismo e cinismo

A experiência do protagonista no Ártico criou uma visão pessimista da vida. Ele vê o mundo como um lugar frio e indiferente, onde as forças da natureza governam sem piedade. A sua perspetiva sombria raia muitas vezes o cinismo, ao contemplar a futilidade da vida e da morte. Esta visão negativa do mundo amplifica o isolamento que ele sente, pois passa a ver a sobrevivência não como um triunfo, mas como uma luta contra o sofrimento inevitável. Este sentimento de desespero reflecte ainda mais o efeito brutal que a natureza selvagem teve sobre ele, moldando o seu carácter numa direção mais negativa.

5. Indiferença perante as lutas dos outros

A indiferença do protagonista pelas lutas dos outros é evidente na sua falta de preocupação com os seus companheiros. Embora a sua preocupação com a sobrevivência seja compreensível, o seu total desinteresse pelo bem-estar dos outros realça um lado mais sombrio do seu carácter. Ele não mostra compaixão pelos seus companheiros humanos (ou mesmo animais) a não ser que isso sirva o seu objetivo pessoal de sobrevivência. Este distanciamento pode ser interpretado como uma incapacidade de reconhecer a humanidade dos outros ou de demonstrar empatia em condições extremas.

6. Impulsividade e julgamento rápido

Em momentos de extrema pressão, o protagonista mostra uma tendência para a impulsividade e o julgamento rápido. As suas acções, como tomar decisões sobre os cães ou escolher o seu curso de ação perante o perigo, são frequentemente rápidas e desprovidas de reflexão profunda. Embora isto possa ser necessário para a sobrevivência num tal ambiente, também revela uma falta de contemplação mais profunda ou de previsão que poderia ter levado a uma abordagem mais ponderada de situações difíceis.

7. Inflexibilidade e orgulho

Apesar dos desafios que enfrenta, o protagonista demonstra uma inflexibilidade na sua abordagem à sobrevivência. A sua determinação em resolver os problemas sozinho e a sua incapacidade de procurar ajuda reflectem um orgulho teimoso que pode levar a consequências perigosas. A sua recusa em reconhecer a possibilidade de fracasso ou a necessidade de ajuda torna-se um obstáculo ao seu crescimento emocional e à sua sobrevivência, levando-o a isolar-se ainda mais na selva agreste.

8. Perda de compaixão

Uma caraterística negativa mais subtil, mas importante, do protagonista é a perda de compaixão. Este facto é mais evidente na sua relação com os cães de trenó, sobretudo quando deixa morrer um cão mais fraco. No início, existe algum apego aos cães, mas à medida que a história avança, as condições adversas obrigam-no a ver cada vez mais os cães e todas as criaturas vivas como ferramentas a utilizar para a sua própria sobrevivência. Isto reflecte a forma como os ambientes extremos podem corroer a empatia e transformar os indivíduos em pragmáticos frios que já não valorizam a vida para além da sua própria sobrevivência.

Conclusão

Em "The White Silence" (O Silêncio Branco), Jack London apresenta um protagonista moldado pelo mundo natural implacável, que faz sobressair traços negativos como o distanciamento emocional, a crueldade, o egocentrismo e a falta de compaixão. Embora estas caraterísticas sejam necessárias para a sobrevivência na selva agreste, também dão uma imagem de um homem que se tornou endurecido e isolado. A história sugere que a brutalidade da natureza pode retirar a humanidade de uma pessoa, levando-a a uma visão fria e cínica do mundo que deixa pouco espaço para ligações emocionais ou empatia. Estas caraterísticas negativas servem para lembrar o impacto psicológico que os ambientes extremos podem ter nos indivíduos, realçando os aspectos mais sombrios da natureza humana quando a sobrevivência está em jogo.

Eis um quadro que resume as caraterísticas **positivas** e **negativas** do protagonista de *"The White Silence"* de Jack London:

Positive Characteristics	Negative Characteristics
Resilience and Endurance: The protagonist exhibits a strong ability to withstand the extreme conditions of the wilderness without giving up.	**Emotional Detachment**: His emotional coldness and isolation limit his ability to form connections, even with his sled dogs.
Self-Reliance: He relies entirely on his own skills and knowledge to survive, demonstrating independence and confidence in his abilities.	**Ruthlessness**: His pragmatic decisions, such as abandoning a weak sled dog, can be seen as cruel and lack compassion.
Practicality and Pragmatism: His ability to make quick, effective decisions ensures his survival in harsh conditions.	**Self-Centeredness**: The protagonist's focus on his own survival often leads to emotional and physical isolation from others.
Awareness and Understanding of Nature: He has a deep understanding of the environment,	**Pessimism and Cynicism**: His bleak view of the world and life reflects a sense of hopelessness,

Positive Characteristics	**Negative Characteristics**
knowing how to navigate and survive in it.	seeing nature as indifferent to human struggles.
Courage and Determination: He faces extreme fear and danger with unwavering resolve, driven by the will to survive.	**Indifference to the Struggles of Others**: He shows little empathy for the dogs and doesn't seem to care for others' suffering unless it impacts his survival.
Leadership (toward the dogs): He demonstrates effective leadership when managing his sled dogs and making tough decisions for the team's survival.	**Impulsiveness and Quick Judgment**: His decisions are often made without deep reflection, leading to potential risks.
Adaptability: He adjusts his plans based on the situation, making him flexible in a constantly changing environment.	**Inflexibility and Pride**: His stubbornness and pride often prevent him from seeking help or considering alternative approaches to survival.
Mental Fortitude: The protagonist shows incredible mental strength, keeping calm under pressure and not giving in to fear or despair.	**Loss of Compassion**: As the story progresses, he becomes more detached from the lives of the dogs, showing little compassion in favor of practicality.

Este quadro evidencia a natureza complexa do protagonista de *"O Silêncio Branco"*. Embora as suas caraterísticas positivas, como a **resiliência** e **a autossuficiência**, lhe permitam sobreviver num ambiente implacável, o seu **distanciamento emocional** e a sua **crueldade** revelam também o lado mais sombrio da natureza humana quando confrontada com adversidades extremas.

III.2. Análise de "The Wisdom of the Trail" de Jack London

"The Wisdom of the Trail", de Jack London, é um conto compacto mas profundo que apresenta temas como a resiliência, o instinto humano, a sobrevivência e a relação estreita entre o homem e a natureza. A narrativa oferece um vislumbre das condições angustiantes do Yukon, reflectindo não só os desafios externos da natureza selvagem, mas também a força interior e a sabedoria necessárias para a atravessar. Segue-se uma análise profunda dos elementos-chave da história:

1. Sobrevivência e adaptação

O tema central gira em torno da sobrevivência na dura região selvagem de Yukon. O protagonista tem de confiar nos seus instintos, conhecimentos e experiência para ultrapassar os desafios, quer estes resultem do ambiente natural, da escassez de recursos, ou da imprevisibilidade da vida no trilho. O próprio título enfatiza a "sabedoria", sugerindo que a sobrevivência exige mais do que força bruta - exige uma compreensão profunda da natureza, previsão e capacidade de adaptação.

2. A dureza da natureza

O retrato que London faz do Yukon é vívido e implacável. A natureza não é cruel nem bondosa - ela simplesmente existe, indiferente ao sofrimento humano. Esta perspetiva alinha-se com a filosofia naturalista mais ampla de London, em que os indivíduos devem confrontar o mundo tal como ele é e aceitar a sua realidade implacável. O trilho serve de metáfora para a viagem da vida, com as suas dificuldades a moldar o carácter e a resiliência do protagonista.

3. Instinto humano e sabedoria animalesca

Ao longo da história, London explora a interação entre o intelecto humano e os instintos primordiais. O protagonista actua frequentemente de acordo com uma intuição quase animalesca, em paralelo com as estratégias de sobrevivência dos cães de trenó que o acompanham. Esta ligação sublinha o tema frequente de London de que os seres humanos fazem parte da ordem natural e não estão separados dela.

4. Companheirismo e lealdade

A relação entre o protagonista e os seus cães constitui uma âncora emocional na história. Os cães são mais do que meros instrumentos de sobrevivência; são companheiros que partilham os fardos do trilho. A sua lealdade realça o laço tácito que se forma entre o homem e o animal em circunstâncias extremas, um motivo recorrente nas obras de London.

5. Sabedoria e experiência

A "sabedoria" do título reflecte não só conhecimentos práticos, mas também uma compreensão mais ampla da vida e da sobrevivência. O protagonista demonstra desenvoltura, paciência e perseverança - qualidades essenciais para enfrentar os desafios do Yukon. A história implica que a sabedoria é adquirida através da experiência, das dificuldades e de uma profunda ligação ao mundo natural.

6. Subtons existenciais

Sob a superfície, a história levanta questões existenciais sobre a condição humana. A viagem do protagonista pode ser vista como um microcosmo da própria vida, com as suas lutas, momentos fugazes de triunfo e dependência final de forças fora do nosso controlo. London sugere que a sabedoria reside em reconhecer e aceitar estas verdades.

Estilo e técnicas literárias

Descrição naturalista: As descrições detalhadas e quase científicas da paisagem feitas por London mergulham o leitor na beleza e brutalidade do Yukon.

Simbolismo: O trilho simboliza a viagem da vida, e as acções do protagonista simbolizam a eterna luta da humanidade contra o desconhecido.

Ritmo e tensão: A estrutura concisa da história reflecte a urgência e a precariedade da vida no trilho, mantendo os leitores envolvidos ao mesmo tempo que realça a fragilidade da existência.

"The Wisdom of the Trail" é um testemunho da mestria de Jack London em captar a essência da sobrevivência e do espírito humano. Através da jornada do protagonista, London explora temas profundos de resiliência, adaptação e a interconexão da vida e da natureza. A história serve tanto como uma aventura emocionante quanto como uma meditação filosófica sobre o que significa resistir.

Caraterísticas negativas em "A Sabedoria do Trilho"

Em "The Wisdom of the Trail", de Jack London, a história aborda temas de sobrevivência, resistência e as duras realidades da vida no deserto. As personagens exibem caraterísticas que são simultaneamente necessárias à sobrevivência e reflectem os dilemas morais colocados pelo ambiente brutal. Segue-se uma análise das caraterísticas negativas exibidas pelas personagens principais da história:

1. Crueldade

As personagens principais, Sitka Charley e os seus companheiros, revelam um traço de crueldade, sobretudo quando tomam decisões que dão prioridade à sobrevivência em detrimento da compaixão. Por exemplo, eles estão dispostos a levar a si próprios e aos outros ao limite, valorizando a utilidade e a eficiência em detrimento da empatia. Esta crueldade é um reflexo das duras realidades do trilho, mas também pode ser interpretada como um traço negativo que sacrifica a humanidade em prol da praticidade.

2. Desapego emocional

Uma sensação de distanciamento emocional permeia as interações entre as personagens. O ambiente brutal do Yukon obriga-os a suprimir as suas emoções e a concentrarem-se apenas na sobrevivência. Embora isso seja necessário em tais condições, também leva a uma falta de ligações significativas e a uma abordagem fria e utilitária das suas relações entre si e com os seus cães.

3. Exploração

O tratamento dado aos cães de trenó revela um certo grau de exploração. Os cães são vistos principalmente como instrumentos de sobrevivência e não como seres vivos com valor intrínseco. São levados aos seus limites e, quando deixam de ser úteis, são frequentemente tratados com indiferença. Esta falta de consideração pelo bem-estar dos cães realça o facto de as personagens darem prioridade à sobrevivência em detrimento da compaixão.

4. Cinismo

As personagens exibem frequentemente um profundo cinismo em relação à vida, moldado pelas suas experiências na selva implacável. Esta perspetiva leva a uma falta de esperança ou de crença em algo para além da sobrevivência. A luta constante contra os elementos naturais fomenta uma visão pessimista do mundo, onde as vidas humanas e animais são dispensáveis perante a indiferença da natureza.

5. Egocentrismo

As personagens são predominantemente egocêntricas, concentrando-se na sua própria sobrevivência acima de tudo. Isto é especialmente evidente nos momentos em que ignoram as necessidades ou os sentimentos dos outros membros do grupo ou dos animais de que dependem. Embora compreensível num contexto de sobrevivência, este egoísmo realça os aspectos mais sombrios da natureza humana.

6. Inflexibilidade

Por vezes, as personagens demonstram inflexibilidade no seu pensamento, aderindo estritamente às suas formas estabelecidas de sobrevivência no trilho. Esta rigidez pode levar à incapacidade de se adaptarem a novos desafios ou de considerarem soluções alternativas, tornando a sua sobrevivência por vezes mais precária.

7. Brutalidade

A dureza do ambiente faz com que as personagens sejam muitas vezes brutais. Isto é visível no tratamento que dão aos cães de trenó e na forma como lidam com os conflitos e as adversidades. A natureza implacável da natureza selvagem parece despojar os seus instintos mais gentis, deixando para trás um comportamento mais duro e selvagem.

8. Ambiguidade moral

As decisões tomadas pelas personagens caem frequentemente num domínio de ambiguidade moral, em que a sobrevivência justifica acções que, de outra forma, poderiam ser consideradas inaceitáveis. Isto inclui decisões sobre como racionar a comida, tratar os cães ou lidar com os membros mais fracos do grupo. Embora estas escolhas sejam práticas, reflectem uma vontade de comprometer os valores éticos face à adversidade.

Em "The Wisdom of the Trail", as caraterísticas negativas das personagens, como a crueldade, o distanciamento emocional, a exploração, o cinismo, o egocentrismo, a inflexibilidade, a brutalidade e a ambiguidade moral, ilustram o lado mais sombrio da natureza humana quando a sobrevivência está em jogo. Estes traços, embora muitas vezes necessários para navegar na natureza selvagem, realçam o custo moral e emocional de viver num ambiente em que a sobrevivência tem precedência sobre tudo o resto. Jack London utiliza estas caraterísticas para explorar as complexidades do comportamento humano e os desafios éticos colocados pela vida na natureza

Caraterísticas positivas em "A Sabedoria do Trilho":

Em "The Wisdom of the Trail", de Jack London, as personagens apresentam uma série de caraterísticas positivas que lhes permitem sobreviver e navegar nas duras condições da natureza selvagem. Estas caraterísticas resultam frequentemente da sua resiliência e adaptabilidade, reflectindo a capacidade de manter a força e a integridade num ambiente implacável. Segue-se uma análise das caraterísticas positivas exibidas pelas personagens principais:

1. Resiliência e resistência

As personagens demonstram uma resiliência incrível e resistência face a desafios físicos e emocionais extremos. Sitka Charley, em particular, personifica a perseverança, enfrentando as condições extenuantes do trilho e mantendo a compostura. Esta qualidade garante-lhes a sobrevivência, apesar da dureza da natureza.

2. Liderança e responsabilidade

Sitka Charley é um líder natural que assume a responsabilidade de guiar o grupo através da natureza selvagem. O seu conhecimento do terreno e a sua capacidade de tomar decisões rápidas e eficazes garantem a segurança e o êxito da viagem. A sua liderança reflecte um sentido de dever para com as pessoas e os cães que tem a seu cargo.

3. Sabedoria prática

A história realça a importância da sabedoria prática ou "sabedoria do trilho". O conhecimento profundo de Sitka Charley sobre a terra, o clima e as técnicas de sobrevivência é vital para a navegação no Yukon. Esta caraterística realça a sua capacidade de se adaptar aos desafios do trilho e de tomar decisões que maximizam as hipóteses de sobrevivência do grupo.

4. Lealdade

A lealdade de Sitka Charley para com os seus companheiros, tanto humanos como animais, é evidente ao longo da história. Embora tenha de tomar decisões difíceis, continua empenhado em garantir a sobrevivência e o sucesso do grupo. A sua lealdade é um testemunho do seu carácter forte e do seu sentido de camaradagem, mesmo num ambiente duro e isolado.

5. Coragem

As personagens demonstram grande coragem ao enfrentarem os perigos da natureza selvagem. Quer se trate do frio implacável, da ameaça de fome ou dos desafios colocados pelo trilho, eles abordam estes obstáculos com bravura e determinação. Esta coragem reflecte a sua força interior e fortaleza.

6. Adaptabilidade

A capacidade de adaptação é essencial para a sobrevivência no trilho, e as personagens exibem esta caraterística de forma consistente. Ajustam as suas estratégias, gerem cuidadosamente os seus recursos e adaptam-se às mudanças das condições climatéricas e aos perigos imprevistos. Esta flexibilidade garante-lhes a capacidade de lidar com tudo o que a natureza lhes oferece.

7. Trabalho de equipa e cooperação

Apesar do enfoque individual da história, existe um tema subjacente de trabalho de equipa e cooperação. As personagens trabalham em conjunto para ultrapassar os desafios, quer partilhando recursos, quer apoiando-se emocionalmente umas às outras. Esta união sublinha a importância da colaboração na sobrevivência.

8. Respeito pela natureza

Sitka Charley e os seus companheiros demonstram respeito pela natureza, reconhecendo o seu poder e aprendendo a viver em harmonia com ela. Embora a natureza selvagem seja dura e implacável, eles abordam-na com uma compreensão que se alinha com a sua sobrevivência. Este respeito permite-lhes navegar no ambiente de forma mais eficaz.

9. Pensamento estratégico

As personagens demonstram um pensamento estratégico, especialmente na gestão dos recursos e na tomada de decisões. Sitka Charley, em particular, é cuidadoso no planeamento da viagem, racionando a comida e assegurando que os seus cães de trenó são utilizados de forma eficiente. Esta capacidade de pensar no futuro e de ter em conta o panorama geral é fundamental num cenário como este.

10. Compaixão

Embora a sobrevivência exija muitas vezes escolhas difíceis, há momentos na história em que as personagens demonstram compaixão, particularmente para com os cães de trenó. Sitka Charley cuida dos animais como membros essenciais da equipa, mostrando que, mesmo num ambiente difícil, a bondade e a empatia não se perdem completamente.

Em "The Wisdom of the Trail", as caraterísticas positivas das personagens, como a resiliência, a liderança, a sabedoria prática, a lealdade, a coragem, a adaptabilidade, o trabalho de equipa, o respeito pela natureza, o pensamento estratégico e a compaixão, sublinham os pontos fortes necessários para sobreviver e prosperar na natureza selvagem. Estas caraterísticas equilibram os aspectos mais sombrios e cruéis da sobrevivência, realçando a perseverança do espírito humano e a capacidade de manter a integridade e a humanidade mesmo nas condições mais difíceis. Jack London utiliza estas qualidades para celebrar a resiliência e a adaptabilidade das pessoas e dos animais face aos imensos desafios da natureza.

Eis um quadro que resume as caraterísticas **positivas** e **negativas** do protagonista de *"O Silêncio Branco"*, de Jack London:

Positive Characteristics	**Negative Characteristics**
Resilience and Endurance: The protagonist exhibits a strong ability to withstand the extreme conditions of the wilderness without giving up.	**Emotional Detachment**: His emotional coldness and isolation limit his ability to form connections, even with his sled dogs.
Self-Reliance: He relies entirely on his own skills and knowledge to survive, demonstrating independence and confidence in his abilities.	**Ruthlessness**: His pragmatic decisions, such as abandoning a weak sled dog, can be seen as cruel and lack compassion.
Practicality and Pragmatism: His ability to make quick, effective decisions ensures his survival in harsh conditions.	**Self-Centeredness**: The protagonist's focus on his own survival often leads to emotional and physical isolation from others.
Awareness and Understanding of Nature: He has a deep	**Pessimism and Cynicism**: His bleak view of the world and life

Positive Characteristics	Negative Characteristics
understanding of the environment, knowing how to navigate and survive in it.	reflects a sense of hopelessness, seeing nature as indifferent to human struggles.
Courage and Determination: He faces extreme fear and danger with unwavering resolve, driven by the will to survive.	**Indifference to the Struggles of Others**: He shows little empathy for the dogs and doesn't seem to care for others' suffering unless it impacts his survival.
Leadership (toward the dogs): He demonstrates effective leadership when managing his sled dogs and making tough decisions for the team's survival.	**Impulsiveness and Quick Judgment**: His decisions are often made without deep reflection, leading to potential risks.
Adaptability: He adjusts his plans based on the situation, making him flexible in a constantly changing environment.	**Inflexibility and Pride**: His stubbornness and pride often prevent him from seeking help or considering alternative approaches to survival.
Mental Fortitude: The protagonist shows incredible mental strength, keeping calm under pressure and not giving in to fear or despair.	**Loss of Compassion**: As the story progresses, he becomes more detached from the lives of the dogs, showing little compassion in favor of practicality.

Este quadro evidencia a natureza complexa do protagonista de *"O Silêncio Branco"*. Embora as suas caraterísticas positivas, como a **resiliência** e **a autossuficiência**, lhe permitam sobreviver num ambiente implacável, o seu **distanciamento emocional** e a sua **crueldade** revelam também o lado mais sombrio da natureza humana quando confrontada com adversidades extremas.

III.3. Análise de "A Lei da Vida" de Jack London

"A Lei da Vida" de Jack London é uma poderosa exploração do ciclo natural da vida e da morte, da inevitabilidade da mortalidade e da aceitação estoica do destino. A história, que se passa no ártico, inóspito e cruel, reflecte o fascínio de London pela luta darwiniana pela sobrevivência e pelas leis naturais que regem a existência. Segue-se uma análise profunda da história, centrada nos seus temas, personagens, simbolismo e implicações filosóficas mais vastas.

1. Resumo da história

O protagonista, Koskoosh, é um chefe inuit idoso que foi deixado para trás pela sua tribo quando esta migrava em busca de alimento. Este abandono é uma prática tradicional, pois os idosos, que já não podem contribuir para a sobrevivência do grupo, são deixados a morrer. Enquanto Koskoosh reflecte sobre a sua vida e a inevitabilidade da morte, recorda momentos importantes, como a luta de um alce contra os lobos e a morte dos seus entes queridos. A história termina com Koskoosh a aceitar estoicamente o seu destino enquanto uma matilha de lobos se aproxima, personificando a "lei da vida" titular.

2. Temas

a) O ciclo da vida e da morte

A história destaca o ciclo natural da vida e da morte, retratando a morte não como um fim, mas como uma parte natural e necessária da existência. A aceitação de Koskoosh do seu destino reflecte o princípio darwiniano de que a vida tem de ceder para assegurar a sobrevivência da espécie.

b) A dureza da natureza

O cenário ártico sublinha a indiferença da natureza face às lutas humanas. A natureza é retratada como uma força vasta e imparcial, onde a sobrevivência depende da força e da adaptabilidade. A morte de Koskoosh é inevitável, um lembrete das leis brutais da natureza.

c) A sobrevivência do mais apto

Através das reflexões de Koskoosh sobre o alce moribundo e outras memórias, London enfatiza a "sobrevivência do mais apto". A luta e a eventual morte do alce reflectem a de Koskoosh, simbolizando a lei universal de que os fortes sobrevivem enquanto os fracos perecem.

d) Indivíduo vs. Comunidade

A história explora a tensão entre as necessidades do indivíduo e as do coletivo. A decisão da tribo de deixar Koskoosh para trás assegura a sobrevivência do grupo, demonstrando a ética utilitária da sobrevivência no Ártico. Isto reflecte um reconhecimento pragmático de que as vidas individuais são dispensáveis para um bem maior.

e) Aceitação estoica da morte

A aceitação calma de Koskoosh do seu destino realça a inevitabilidade da morte. Ao contrário do alce que luta contra os lobos, Koskoosh compreende que a resistência é inútil e aceita o seu lugar na ordem natural.

3. Análise de carácter

Koskoosh

Koskoosh é uma personagem profundamente reflexiva e filosófica. Através do seu monólogo interno, London explora a condição humana, a memória e a inevitabilidade da morte. O estoicismo de Koskoosh e a aceitação do seu destino reflectem uma profunda compreensão da natureza transitória da vida. Ele é um símbolo de sabedoria e do ciclo da existência.

A Tribo

A tribo representa a luta colectiva pela sobrevivência. A sua decisão de abandonar Koskoosh não é um ato de crueldade, mas uma necessidade prática no ambiente agreste do Ártico. Simbolizam a ética utilitária da sobrevivência, em que as necessidades do grupo se sobrepõem às necessidades do indivíduo.

Os lobos

Os lobos simbolizam a inevitabilidade da morte e a lei natural que rege toda a vida. A sua aproximação no final da história é uma lembrança clara do ciclo de predador e presa, um aspeto fundamental do mundo natural.

4. Simbolismo

O fogo

O fogo moribundo simboliza a vida de Koskoosh. À medida que o fogo se apaga, o mesmo acontece com a sua vitalidade, reforçando o tema da mortalidade. A extinção gradual do fogo reflecte a inevitabilidade da morte.

O alce e os lobos

A luta do alce contra os lobos é semelhante à situação de Koskoosh. Os lobos representam as forças implacáveis da natureza e a inevitabilidade da morte, enquanto a luta do alce simboliza o impulso instintivo para sobreviver, mesmo perante a derrota certa.

A natureza selvagem do Ártico

A paisagem árctica, dura e implacável, reflecte a indiferença da natureza. Serve de pano de fundo para os temas centrais da história, enfatizando a luta pela sobrevivência e o ciclo natural de vida e morte.

5. Subtons filosóficos

Naturalismo

A filosofia naturalista de London é evidente em toda a história. Os seres humanos são retratados como parte do mundo natural, sujeitos às mesmas leis que os animais. Não existe uma intervenção divina ou um quadro moral que regule a vida; a sobrevivência é ditada apenas pela força, adaptabilidade e ordem natural.

Existencialismo

As reflexões de Koskoosh sobre a sua vida e a morte iminente ecoam temas existencialistas. A sua consciência da mortalidade e a sua aceitação do absurdo da vida reflectem uma compreensão existencial da condição humana.

Darwinismo

A história sublinha os princípios darwinianos da seleção natural e da sobrevivência dos mais aptos. A morte de Koskoosh não é uma tragédia, mas um acontecimento natural, necessário para a continuação da tribo e do ecossistema.

6. Estilo e estrutura

Fluxo de Consciência

London utiliza uma técnica de fluxo de consciência para apresentar os pensamentos e as memórias de Koskoosh, permitindo aos leitores mergulharem profundamente na sua mente. Esta técnica cria uma narrativa íntima e reflexiva.

Diálogo mínimo

A ausência de diálogo realça o isolamento de Koskoosh e o carácter introspetivo da história. Chama a atenção para o seu percurso interno e não para as interações externas.

Imagens descritivas

As descrições vívidas de London da natureza selvagem do Ártico e as imagens da vida e da morte mergulham os leitores no cenário e nos temas, criando uma experiência visceral e evocativa.

"A Lei da Vida" é uma profunda meditação sobre a mortalidade, a sobrevivência e a ordem natural. Através das reflexões de Koskoosh e da sua aceitação final da morte, London apresenta uma narrativa que é ao mesmo tempo crua e profundamente filosófica. Os temas da história sobre a inevitabilidade, o ciclo da vida e a dureza da natureza destacam a fragilidade da existência humana e as leis universais que regem toda a vida. É uma exploração poderosa da natureza transitória da vida e um lembrete do lugar da humanidade no vasto e indiferente mundo natural.

Em "A Lei da Vida", de Jack London, as caraterísticas positivas das personagens estão intimamente ligadas à sua capacidade de adaptação, sobrevivência e aceitação das realidades da vida e da morte. Enquanto a história se centra em

Koskoosh, o chefe idoso que é deixado para trás para morrer, os traços positivos das personagens reflectem resiliência, sabedoria e pragmatismo no contexto do seu ambiente agreste.

Eis as caraterísticas positivas encarnadas pelas personagens:

Koskoosh (O Protagonista)

1. Aceitação da mortalidade

Koskoosh demonstra sabedoria e estoicismo na sua aceitação da morte como parte da ordem natural. Não resiste ao seu destino, compreendendo que a sua morte assegura a sobrevivência da tribo.

Traço positivo: Aceitação do ciclo inevitável da vida.

2. Reflexão e sabedoria

Através das suas memórias, Koskoosh demonstra uma profunda compreensão da vida e das suas lutas. As suas reflexões sobre a lei da vida mostram a sua capacidade de extrair significado das suas experiências.

Traço positivo: Natureza reflexiva e perspicaz.

3. Compaixão pela tribo

Apesar de ter sido deixado para trás, Koskoosh não guarda ressentimentos em relação à sua tribo. Reconhece a necessidade das suas acções para a sua sobrevivência.

Traço positivo: Compaixão e compreensão.

4. Ligação à natureza

O profundo respeito de Koskoosh pelo mundo natural e a sua compreensão das suas leis evidenciam a sua harmonia com o ambiente.

Traço positivo: Respeito e alinhamento com a natureza.

A Tribo

1. Pragmatismo

A decisão da tribo de deixar Koskoosh para trás reflecte a sua abordagem prática à sobrevivência. Embora duro, este ato assegura o bem-estar do grupo num ambiente de escassez de recursos.

Traço positivo: Praticidade e concentração na sobrevivência colectiva.

2. Força e resiliência

A tribo incorpora as qualidades necessárias para enfrentar os desafios do seu ambiente, como a determinação e a adaptabilidade.

Traço positivo: Força e resiliência.

3. Sentido de comunidade

A migração e a cooperação da tribo para garantir a sobrevivência realçam a importância da unidade e da responsabilidade partilhada.

Traço positivo: Esforço coletivo e trabalho de equipa.

As memórias de Koskoosh e as lições da natureza

1. A luta do alce

Koskoosh recorda um alce a lutar contra uma alcateia de lobos. Esta recordação simboliza a força e a determinação inerentes a todos os seres vivos, mesmo quando confrontados com a morte inevitável.

Traço positivo: Coragem instintiva e força de vontade.

2. A geração mais jovem

Os membros mais jovens da tribo, que dão continuidade às tradições e asseguram o futuro do grupo, simbolizam a esperança, a renovação e a adaptabilidade. A sua capacidade de resistir reflecte a força contínua do espírito humano.

Traço positivo: Esperança e continuidade.

Em "The Law of Life", as caraterísticas positivas das

personagens incluem a sabedoria, a aceitação, a compaixão, a resiliência, o pragmatismo e a unidade. A aceitação estoica da morte por Koskoosh e o foco da tribo na sobrevivência enfatizam a força necessária para viver em harmonia com o mundo natural. Estas caraterísticas ilustram a exploração de London do lugar da humanidade nos ciclos da vida e da morte, realçando a dignidade e a resiliência dos indivíduos e das comunidades face aos desafios inevitáveis da vida.

Em "A Lei da Vida", de Jack London, não há personagens negativas no sentido tradicional. A história não é sobre o bem e o mal, mas sobre o ciclo natural e inevitável da vida e da morte. No entanto, certas acções, caraterísticas ou perspectivas podem ser vistas de forma negativa, dependendo do enquadramento moral ou da lente emocional de cada um. Segue-se uma análise dessas caraterísticas negativas, tal como encarnadas pelas personagens ou situações da história.

1. A Tribo

Embora a tribo aja por necessidade, algumas das suas acções podem parecer frias ou sem compaixão:

a) Abandono pragmático

A tribo deixa Koskoosh para trás para morrer, pois ele já não pode contribuir para a sua sobrevivência. Este ato pode ser visto como insensível ou pouco humano, apesar de corresponder às suas necessidades de sobrevivência.

Traço negativo: dureza e desinteresse pelas necessidades individuais.

b) Falta de sentimentalismo

Não há qualquer manifestação emocional evidente quando a tribo segue em frente, deixando Koskoosh para trás. Esta atitude reflecte uma norma cultural, mas pode ser entendida como indiferente ou insensível.

Traço negativo: Distanciamento emocional.

2. Koskoosh

Enquanto protagonista, Koskoosh é retratado com empatia, mas as suas reflexões revelam certas fraquezas ou falhas:

a) Passividade

Koskoosh aceita totalmente o seu destino sem tentar resistir ou lutar. Embora esta atitude reflicta sabedoria e estoicismo, também pode ser vista como uma falta de vontade.

Traço negativo: Fatalismo ou resignação.

b) Reflexão egocêntrica

Koskoosh concentra-se sobretudo nas suas próprias memórias e no seu destino, sem pensar muito no futuro da tribo ou em preocupações mais vastas. Isto pode ser interpretado como uma atitude virada para dentro e centrada em si próprio.

Traço negativo: Isolamento e perspetiva limitada.

3. Natureza (como uma força semelhante a uma personagem)

A natureza não é uma personagem no sentido convencional, mas actua como uma força poderosa e indiferente ao longo da história. A sua representação pode ser vista de forma negativa:

a) Indiferença perante o sofrimento

A natureza é retratada como fria e implacável, sem qualquer consideração pelas lutas individuais. Os lobos implacáveis e a paisagem gelada simbolizam esta indiferença brutal.

Traço negativo: Crueldade e falta de compaixão.

b) Sobrevivência a todo o custo

A "lei da vida" é dura: só os fortes sobrevivem, e os fracos ou velhos são deixados para trás. Este ethos de sobrevivência pode ser visto como injusto ou impiedoso numa perspetiva humanista.

Traço negativo: Brutalidade e impiedade.

4. Os lobos

Os lobos simbolizam a morte e o ciclo predatório natural, o que pode evocar medo ou ser interpretado negativamente:

a) Inquietude

Os lobos caçam os fracos e vulneráveis, como o alce e o Koskoosh, sem piedade. Isto reflecte as duras realidades da natureza, mas pode ser visto como cruel ou predatório.

Traço negativo: Crueldade.

b) Símbolo da morte inevitável

A aproximação dos lobos no final da história representa o carácter inevitável da morte. Esta inevitabilidade fatal pode ser vista como opressiva ou desoladora.

Traço negativo: Símbolo do medo e da destruição.

Em "The Law of Life", as caraterísticas negativas reflectem mais as duras realidades da sobrevivência e do mundo natural do que as falhas morais das personagens. Traços como o abandono pragmático, o distanciamento emocional, o fatalismo, a crueldade e a impiedade realçam a indiferença da natureza e os sacrifícios necessários à sobrevivência. O retrato de Jack London é matizado, mostrando que esses traços "negativos" não nascem da malícia, mas da necessidade, enfatizando a "lei" rígida e imparcial que governa toda a vida.

Eis um quadro que resume as caraterísticas **positivas** e

negativas do protagonista de *"O Silêncio Branco"*, de Jack London:

Positive Characteristics	**Negative Characteristics**
Resilience and Endurance: The protagonist exhibits a strong ability to withstand the extreme conditions of the wilderness without giving up.	**Emotional Detachment**: His emotional coldness and isolation limit his ability to form connections, even with his sled dogs.
Self-Reliance: He relies entirely on his own skills and knowledge to survive, demonstrating independence and confidence in his abilities.	**Ruthlessness**: His pragmatic decisions, such as abandoning a weak sled dog, can be seen as cruel and lack compassion.
Practicality and Pragmatism: His ability to make quick, effective decisions ensures his survival in harsh conditions.	**Self-Centeredness**: The protagonist's focus on his own survival often leads to emotional and physical isolation from others.

Positive Characteristics	Negative Characteristics
Awareness and Understanding of Nature: He has a deep understanding of the environment, knowing how to navigate and survive in it.	**Pessimism and Cynicism**: His bleak view of the world and life reflects a sense of hopelessness, seeing nature as indifferent to human struggles.
Courage and Determination: He faces extreme fear and danger with unwavering resolve, driven by the will to survive.	**Indifference to the Struggles of Others**: He shows little empathy for the dogs and doesn't seem to care for others' suffering unless it impacts his survival.
Leadership (toward the dogs): He demonstrates effective leadership when managing his sled dogs and making tough decisions for the team's survival.	**Impulsiveness and Quick Judgment**: His decisions are often made without deep reflection, leading to potential risks.
Adaptability: He adjusts his plans based on the situation, making him flexible in a constantly changing environment.	**Inflexibility and Pride**: His stubbornness and pride often prevent him from seeking help or considering alternative approaches to survival.
Mental Fortitude: The protagonist shows incredible mental strength, keeping calm under pressure and not giving in to fear or despair.	**Loss of Compassion**: As the story progresses, he becomes more detached from the lives of the dogs, showing little compassion in favor of practicality.

Este quadro evidencia a natureza complexa do protagonista de *"O Silêncio Branco"*. Embora os seus traços positivos, como a **resiliência** e **a autossuficiência**, lhe permitam sobreviver num ambiente implacável, o seu **distanciamento emocional** e a sua **crueldade** revelam também o lado mais sombrio da natureza humana quando confrontada com adversidades extremas.

III.4. Análise de "A doença do chefe solitário" de Jack London

"The Sickness of the Lone Chief" de Jack London é um conto pouco conhecido que explora temas de liderança, tradições culturais, sobrevivência e a fragilidade da vida humana. Através da doença do chefe solitário, London investiga a tensão entre a identidade individual e as responsabilidades sociais num contexto em que a sobrevivência é frequentemente brutal e implacável.

Aqui está uma análise profunda da história:

1. Resumo da história

O Chefe Solitário, um líder respeitado entre o seu povo, fica gravemente doente. A tribo está profundamente dependente da sua sabedoria, força e liderança para sobreviver, mas a sua doença obriga-os a confrontarem-se com a sua vulnerabilidade. À medida que a história se desenrola, a tribo tem de lidar com as suas responsabilidades para com o Chefe Solitário e a sua própria sobrevivência. Esta tensão reflecte as duras realidades da vida no deserto, onde o bem-estar individual é muitas vezes secundário em relação às necessidades do grupo. Em última análise, o destino do Chefe Solitário torna-se um símbolo da mortalidade humana e do ciclo inabalável da vida.

2. Temas

a) Liderança e responsabilidade

O Chefe Solitário é um símbolo de liderança e do fardo que carrega.

A sua doença representa a fragilidade mesmo dos indivíduos mais fortes, mostrando como a liderança é simultaneamente um dom e um peso.

b) Sobrevivência vs. Compaixão

O dilema da tribo - como cuidar do seu líder doente e, ao mesmo tempo, garantir a sua própria sobrevivência - reflecte uma tensão central na obra de London. Este tema questiona o equilíbrio entre empatia e sentido prático em situações de vida ou morte.

c) A fragilidade da vida

A doença do chefe solitário põe em evidência a vulnerabilidade dos seres humanos face às forças da natureza. Sublinha que mesmo os indivíduos mais poderosos estão sujeitos à mortalidade.

d) A indiferença da natureza

Como em muitas das histórias de London, a natureza é retratada como imparcial e inflexível. A doença do chefe solitário não é um castigo ou um teste, mas um acontecimento natural, que a natureza encara com total indiferença.

e) Dinâmicas culturais e sociais

A história reflecte sobre a identidade colectiva da tribo e a forma como esta é moldada pelas tradições culturais, pelo respeito pela autoridade e pela sobrevivência partilhada. A doença do chefe solitário põe em causa esta dinâmica, obrigando a tribo a reavaliar as suas prioridades.

3. Análise de carácter

O chefe solitário

O chefe solitário representa a força, a autoridade e a sabedoria, mas também a vulnerabilidade. A sua doença serve de metáfora para a impermanência do poder e para a condição humana. Apesar da sua doença, o seu papel de líder persiste, pois a tribo olha para ele mesmo no seu estado de fraqueza. O seu estoicismo perante a doença realça a sua força interior.

A Tribo

A tribo personifica a resiliência colectiva e o sentido prático. A sua luta para equilibrar os cuidados com o líder e a sua própria sobrevivência reflecte a ética comunitária da sua cultura. As acções e decisões da tribo demonstram tanto a sua lealdade como o pragmatismo duro necessário no seu ambiente.

Natureza

A natureza actua como uma força sempre presente, indiferente à doença do chefe solitário ou à situação da tribo. A sua realidade inflexível recorda aos leitores a pequenez da vida humana no grande esquema da existência.

4. Simbolismo

A doença do chefe solitário

A doença do Chefe Solitário simboliza a fragilidade da vida humana e a inevitabilidade da mortalidade. Serve também para lembrar que mesmo os líderes, que são muitas vezes vistos como invencíveis, estão sujeitos às mesmas leis da natureza que toda a gente.

As acções da tribo

A reação da tribo à doença do Chefe Solitário representa a tensão entre a tradição, a lealdade e a necessidade de sobrevivência. Os cuidados que lhe prestam simbolizam o respeito e os laços comunitários, enquanto a sua eventual concentração na sua própria sobrevivência sublinha as duras realidades do seu mundo.

A natureza selvagem

A natureza selvagem é um símbolo das forças indiferentes e incontroláveis da vida. Destaca a vulnerabilidade da tribo e a impotência do Chefe Solitário face ao vasto poder da natureza.

5. Subtons filosóficos

Naturalismo

A filosofia naturalista de Jack London é fundamental para a história. Os seres humanos, independentemente do seu poder social ou individual, são retratados como parte da natureza, sujeitos às suas leis. A doença do chefe solitário não é uma falha moral ou o resultado de um conflito externo; é uma ocorrência natural que sublinha a vulnerabilidade da humanidade.

Existencialismo

A situação do chefe solitário ecoa os temas existencialistas do isolamento e da mortalidade. A sua doença obriga-o a ele e à tribo a confrontarem-se com a fragilidade da vida e a inevitabilidade da morte, levantando questões sobre o significado da existência.

Darwinismo

A história reflecte temas darwinianos de sobrevivência e adaptação. A reação da tribo à doença do Chefe Solitário - equilibrando os cuidados com a necessidade de assegurar a sua sobrevivência - ilustra a prioridade da longevidade do grupo sobre o bem-estar individual.

6. Estilo e estrutura

Narração descritiva

As descrições vívidas de London da natureza selvagem do Ártico criam um cenário envolvente que realça a indiferença da natureza pelo sofrimento humano. O tom é reflexivo e sombrio, enfatizando a inevitabilidade do declínio do Chefe Solitário.

Diálogo mínimo

A ausência de diálogos extensos centra a atenção nas lutas internas e comunitárias das personagens. Esta escolha estilística sublinha o isolamento e a introspeção centrais da história.

Imagens simbólicas

London utiliza imagens ricas, tais como a escuridão do Ártico e o declínio físico do Chefe Solitário, para reforçar os temas da história sobre a mortalidade e a ordem natural.

7. Conclusão

"The Sickness of the Lone Chief" é uma exploração pungente da mortalidade, da liderança e da tensão entre as necessidades individuais e a sobrevivência colectiva. Através da doença do chefe solitário, London ilustra a fragilidade até dos indivíduos mais poderosos e a inevitabilidade da morte. Os temas da história sobre a sobrevivência, a compaixão e a indiferença da natureza ressoam profundamente, oferecendo uma meditação intemporal sobre a condição humana e o nosso lugar no mundo natural.

Personagens positivas em "A doença do chefe solitário":

Em "The Sickness of the Lone Chief" de Jack London, as personagens e as forças retratadas reflectem temas de sobrevivência, liderança e resiliência. Embora a história não se centre em personagens claramente definidas como "positivas" no sentido convencional, certas figuras e qualidades exibem traços que podem ser considerados positivos no contexto do ambiente agreste e do enquadramento cultural da história.

1. O chefe solitário

O Chefe Solitário é a figura central da história e as suas caraterísticas positivas definem grande parte do tom e do enfoque moral.

Liderança e responsabilidade: Mesmo na doença, o Chefe Solitário continua a ser uma figura de respeito e autoridade, simbolizando a força e a sabedoria da liderança.

Resiliência: Apesar da sua doença, o Chefe Solitário demonstra força interior e dignidade, mostrando estoicismo perante o sofrimento.

Legado e influência: As suas decisões e liderança no passado guiaram a tribo, deixando um impacto positivo e duradouro na sua sobrevivência e unidade.

Aceitação: Enfrenta a sua doença com um sentido de realismo e aceitação, personificando a graça sob pressão.

2. A Tribo

Embora a tribo seja mais uma entidade colectiva do que personagens individuais, as suas acções e atitudes reflectem traços positivos:

Respeito pela liderança: O cuidado da tribo para com o Chefe Solitário mostra a sua reverência e gratidão pelo seu papel de líder.

Responsabilidade colectiva: Os seus esforços para equilibrar a prestação de cuidados ao Chefe Solitário com a sua própria sobrevivência reflectem uma forte ética comunitária.

Unidade e cooperação: A coesão da tribo e a capacidade

de funcionar como um grupo realçam a sua resiliência e adaptabilidade.

3. A natureza como força positiva

Embora a natureza seja frequentemente indiferente nas obras de London, também serve como uma força positiva ao impor os ciclos de vida e morte que sustentam o equilíbrio:

Fonte de força: A natureza selvagem do Ártico, embora agreste, fomenta a resiliência e a força das personagens.

Imparcialidade: As leis da natureza, embora implacáveis, criam um sentido de justiça no grande ciclo da vida.

4. Positividade simbólica

Certos elementos simbólicos da história reflectem positividade:

A geração mais jovem da tribo: Representando a esperança e a continuidade, os membros mais jovens da tribo significam a resistência da vida e a força das gerações futuras.

Tradições culturais: As tradições da tribo, embora pragmáticas e por vezes duras, asseguram a sobrevivência e a coesão do grupo.

As personagens positivas de "The Sickness of the Lone Chief" não são heróicas no sentido tradicional, mas personificam qualidades como a resiliência, a liderança, a unidade e a aceitação. O chefe solitário, apesar da sua doença, continua a ser uma figura digna e influente, enquanto o respeito e a responsabilidade colectiva da tribo realçam a força da sua comunidade. Estas caraterísticas positivas sublinham a exploração da história sobre a perseverança humana e a importância do equilíbrio face aos desafios da natureza.

Personagens negativas em "A doença do chefe solitário":

Em "The Sickness of the Lone Chief", de Jack London, não há personagens totalmente negativas, uma vez que a história se centra mais na sobrevivência, na liderança e nas duras realidades da vida do que em falhas morais ou indivíduos antagónicos. No entanto, alguns traços e comportamentos exibidos pelas personagens ou forças simbólicas podem ser interpretados como negativos, dependendo da perspetiva. Segue-se uma análise destes aspectos negativos:

1. O chefe solitário

Embora o Chefe Solitário seja uma figura respeitada, o seu carácter também reflecte algumas fraquezas:

Teimosia: Como líder, pode ter-se esforçado demasiado, o que contribuiu para a sua doença. Isto pode ser visto como uma falha de liderança.

Dependência na doença: No seu estado de fraqueza, o Chefe Solitário torna-se um fardo para a tribo, forçando-a a alocar recursos e cuidados. Embora não seja culpa dele, esta dependência perturba o equilíbrio da tribo.

2. A Tribo

A tribo é retratada com respeito, mas as suas acções também reflectem decisões pragmáticas que podem ser vistas como negativas:

Distanciamento pragmático: O foco da tribo na sobrevivência leva por vezes a decisões frias e emocionalmente distantes, como dar prioridade ao bem-estar do grupo em detrimento dos cuidados do Chefe Solitário.

Falta de compaixão: Embora as suas acções sejam necessárias para a sobrevivência, a abordagem da tribo pode parecer dura, reflectindo uma falta de profundidade emocional ou de simpatia para com o Chefe Solitário.

3. A natureza (como força simbólica)

Na história, a natureza é indiferente ao sofrimento humano, o que pode ser interpretado negativamente:

Indiferença: A natureza selvagem do Ártico, como representação da natureza, é implacável e antipática, não permitindo espaço para fraquezas ou erros.

Hostilidade: O ambiente agreste agrava a doença do Chefe Solitário, simbolizando a força implacável e indiferente da natureza.

4. Expectativas culturais e sociais

As tradições da tribo, embora essenciais para a sobrevivência, são por vezes cruéis:

Sobrevivencialismo rígido: A expetativa cultural de dar prioridade ao grupo em detrimento do indivíduo pode parecer desumana, especialmente quando aplicada a um líder venerado como o Chefe Solitário.

Apesar de não existirem vilões ou antagonistas explícitos em "The Sickness of the Lone Chief", os aspectos negativos da história resultam do pragmatismo duro da tribo, da indiferença da natureza e das vulnerabilidades inevitáveis do próprio chefe solitário. Estes elementos não são apresentados como maliciosos, mas como consequências naturais da vida num ambiente brutal, reflectindo a perspetiva naturalista de Jack London sobre a sobrevivência e a luta humana.

Eis um quadro que resume as caraterísticas positivas e negativas do protagonista de "O Silêncio Branco", de Jack London:

Caraterísticas positivas Caraterísticas negativas

Resiliência e resistência: O protagonista demonstra uma

forte capacidade para suportar as condições extremas da natureza selvagem sem desistir.

Distanciamento emocional: A sua frieza emocional e o seu isolamento limitam a sua capacidade de estabelecer ligações, mesmo com os seus cães de trenó.

Auto-confiança: Depende inteiramente das suas próprias capacidades e conhecimentos para sobreviver, demonstrando independência e confiança nas suas capacidades.

Crueldade: As suas decisões pragmáticas, como o abandono de um cão de trenó fraco, podem ser vistas como cruéis e sem compaixão.

Praticidade e Pragmatismo: A sua capacidade de tomar decisões rápidas e eficazes garante a sua sobrevivência em condições difíceis. Egocentrismo: O facto de o protagonista se concentrar na sua própria sobrevivência leva-o muitas vezes a isolar-se emocional e fisicamente dos outros.

Consciência e compreensão da natureza: Ele tem um profundo conhecimento do ambiente, sabendo como navegar e sobreviver nele. Pessimismo e cinismo: A sua visão sombria do mundo e da vida reflecte um sentimento de desespero, vendo a natureza como indiferente às lutas humanas.

Coragem e determinação: Enfrenta o medo e o perigo extremos com uma determinação inabalável, movido pela vontade de sobreviver. Indiferença às lutas dos outros: Mostra pouca empatia pelos cães e parece não se importar com o sofrimento dos outros, a menos que isso afecte a sua sobrevivência.

Liderança (em relação aos cães): Demonstra uma liderança eficaz quando gere os seus cães de trenó e toma decisões difíceis para a sobrevivência da equipa.

Impulsividade e julgamento rápido: As suas decisões são muitas vezes tomadas sem uma reflexão profunda, conduzindo a riscos potenciais.

Adaptabilidade: Ajusta os seus planos em função da situação, o que o torna flexível num ambiente em constante mudança. Inflexibilidade e orgulho: A sua teimosia e orgulho impedem-no frequentemente de procurar ajuda ou de considerar abordagens alternativas para sobreviver.

Força mental: O protagonista demonstra uma força mental incrível, mantendo a calma sob pressão e não cedendo ao medo ou ao desespero. Perda de compaixão: À medida que a história avança, ele se torna mais distante da vida dos cães, mostrando pouca compaixão em favor da praticidade.

Este quadro evidencia o carácter complexo do protagonista de "O
Silêncio Branco". Embora as suas caraterísticas positivas, como a resiliência e a autossuficiência, lhe permitam sobreviver num ambiente implacável, o seu distanciamento emocional e a sua crueldade revelam também o lado mais sombrio da natureza humana quando confrontada com adversidades extremas.

CONCLUSÃO

A literatura, enquanto espelho que reflecte os meandros da condição humana, aventura-se frequentemente nos domínios do determinismo naturalista - um conceito profundamente enraizado na ideia de que as forças externas, em particular o poder implacável da natureza, desempenham um papel decisivo na definição dos destinos dos indivíduos. Nesta exploração expansiva, percorremos a rica paisagem das narrativas de Jack London para desvendar a interação matizada entre a natureza e a experiência humana, dissecando as caraterísticas da sua abordagem naturalista distintiva.

O determinismo naturalista, na sua essência, sugere que as vidas humanas estão inexoravelmente ligadas às forças do mundo natural, influenciando o comportamento, o carácter e, em última análise, o destino. Este conceito postula que os indivíduos não são entidades isoladas, mas sim produtos do seu ambiente, sujeitos às regras imutáveis ditadas pela ordem natural. A exploração deste tema na literatura torna-se uma viagem profunda, e Jack London é um pioneiro literário que se aventurou no coração da natureza para iluminar a complexa dança entre a humanidade e o que a rodeia.

Jack London, nascido em 1876, emergiu como uma figura quintessencial na literatura americana, deixando uma marca indelével com os seus contos de aventura, sobrevivência e as forças inflexíveis da natureza. Os seus escritos, profundamente influenciados pelas suas próprias experiências ousadas - desde ser um pirata até procurar ouro durante a Corrida do Ouro - respiram com uma autenticidade que deriva de um confronto em primeira mão com a natureza selvagem. A abordagem naturalista de London à literatura é caracterizada por uma observação atenta do mundo natural, um fascínio pela luta darwiniana pela sobrevivência e um retrato sem hesitações de personagens moldadas pelo seu ambiente.

A análise efectuada nesta dissertação revelou as caraterísticas distintivas da abordagem naturalista de London. A natureza, nas narrativas de London, não é um mero pano de fundo, mas uma força poderosa que molda o comportamento e o carácter humanos. As personagens das suas histórias não estão isoladas do ambiente que as rodeia; pelo contrário, estão intrinsecamente ligadas ao tecido do mundo natural. Quer se trate do frio cortante do deserto ou dos árduos trilhos da sobrevivência, as personagens de London existem numa relação simbiótica com a natureza.

A eterna luta pela vida, um tema central nas obras de London, reflecte o conceito darwiniano de sobrevivência do mais apto. As personagens enfrentam adversidades que põem à prova a sua coragem, e o ambiente natural torna-se o cadinho em que a sua resiliência é forjada. As regras da natureza - duras, implacáveis, mas fundamentalmente justas - tornam-se os princípios orientadores que regem as narrativas que se desenrolam.

Uma das conclusões significativas desta análise é a profunda influência da natureza no comportamento humano nas histórias de Jack London. O silêncio gelado da natureza, a vastidão das paisagens indomadas e os desafios sempre presentes colocados pelo mundo natural servem de catalisadores para o desenvolvimento das personagens. As personagens de London não são imunes às pressões do seu ambiente; pelo contrário, reagem, adaptam-se e evoluem na sua busca pela sobrevivência.

Veja-se, por exemplo, "The White Silence", em que as personagens se encontram no meio de um deserto gelado. Aqui, a vastidão dura e silenciosa torna-se mais do que um cenário; torna-se uma personagem em si mesma, ditando as acções e decisões das personagens. A natureza, na sua grandeza e severidade, torna-se o fator determinante para moldar o comportamento daqueles que atravessam os seus domínios gelados.

Em "The Wisdom of Trail", os próprios trilhos tornam-se uma metáfora da viagem da vida. As personagens que navegam nestes trilhos não são meras entidades físicas que se deslocam de um ponto para outro; são representações simbólicas das lutas mais vastas inerentes à experiência humana. A sabedoria embutida nos trilhos reflecte a ideia naturalista de que o ambiente transmite lições e molda o carácter daqueles que o percorrem.

A abordagem naturalista de London caracteriza-se nomeadamente pela representação da natureza como um reino regido pelas suas próprias regras. Essas regras não são arbitrárias, mas estão alinhadas com os princípios darwinianos de sobrevivência. As personagens das histórias de London estão sujeitas às leis inerentes da natureza, onde a adaptação, a força e a resistência determinam quem prevalece na eterna luta pela existência.

Em "A Lei da Vida", a inevitabilidade da morte é apresentada como uma parte inescapável do ciclo natural. As personagens, ligadas pelas leis da vida e da morte, debatem-se com as duras realidades do seu ambiente. London pinta um quadro vívido da luta darwiniana, em que as personagens têm de lutar contra a ordem natural, aceitando a natureza cíclica da vida que transcende os destinos individuais.

Da mesma forma, em "A doença do chefe solitário", a luta pela sobrevivência é o centro das atenções. As personagens enfrentam a doença e o isolamento, enfrentando os desafios impostos pelo seu ambiente. A lente darwiniana é posta em foco à medida que as personagens se confrontam com a realidade crua da sua vulnerabilidade e com as exigências implacáveis da sobrevivência. Nesta narrativa, o determinismo naturalista é posto a nu - o ambiente, com os seus desafios e adversidades, torna-se o árbitro do destino.

As narrativas naturalistas de London ecoam com o pulso da eternamente inflexível luta pela sobrevivência. As personagens, à semelhança do conceito de Darwin dos mais aptos, têm de enfrentar desafios que exigem força, adaptabilidade e uma vontade tenaz de viver. As paisagens selvagens, seja o silêncio gelado do Ártico ou os trilhos traiçoeiros da existência, tornam-se arenas nas quais as personagens se envolvem na dança perpétua da sobrevivência.

Este tema é talvez mais palpável em "The Wisdom of Trail", onde as personagens percorrem os caminhos acidentados que simbolizam a viagem da vida. A luta para superar obstáculos, perseverar na adversidade e adaptar-se a condições variáveis reflecte a essência do determinismo naturalista. A natureza, como força dominante, molda o destino destas personagens através dos desafios inerentes ao trilho.

Ao percorrer a natureza selvagem da literatura, especificamente as obras de Jack London, esta dissertação iluminou a presença profunda e duradoura do determinismo naturalista. A abordagem naturalista de Jack London à literatura, caracterizada por uma exploração meticulosa do mundo natural e um empenho inabalável em retratar a luta darwiniana pela sobrevivência, enriquece a tapeçaria das tradições literárias.

A análise aqui efectuada revela que, de facto, a natureza molda o comportamento humano e o carácter nas narrativas de London. As suas histórias não são meras crónicas de acontecimentos; são estudos intrincados da interação entre os indivíduos e o seu ambiente. A natureza, com as suas regras e a eterna luta pela sobrevivência, surge como o protagonista central, governando os destinos das personagens que navegam nos seus domínios selvagens.

Ao encerrarmos esta exploração abrangente, encontramo-nos no cruzamento da literatura e da natureza, reconhecendo o profundo impacto das narrativas de Jack London. Estas servem não só como contos cativantes de aventura, mas também como espelhos que reflectem a eterna dança entre a humanidade e as forças indomáveis do mundo natural. O convite para ponderar os mistérios da vida, para refletir sobre os nossos próprios mistérios.

BIBLIOGRAFIA

Fontes primárias:

1. London, Jack. "A Lei da Vida". Children of the Frost, Macmillan, 1902. Primeira edição.
2. London, Jack. "A Doença do Chefe Solitário". Children of the Frost, Macmillan, 1902. Primeira edição.
3. London, Jack. "O Silêncio Branco". The Son of The Wolf, Grosset And Dunlap, 1900. Primeira edição.
4. London, Jack. "The Wisdom of Trail". The Son of The Wolf, Grosset And Dunlap, 1900. Primeira edição.

Fontes secundárias:

5. Bagotaj, Katarina. "A Lei da Vida de Jack London". Universidade de Ljubljana, Faculdade de Letras, Departamento de Inglês, 2012.
6. Dawkins, Richard. The Blind Watchmaker (O Relojoeiro Cego). Londres: WW Norton, 1986.
7. Dawkins, Richard. The Selfish Gene. Oxford: Oxford University Press, 1976, 1989.
8. Darwin, Charles. On the Origin of Species by Means of Natural Selection (Sobre a Origem das Espécies por Meio da Seleção Natural). 1859.
9. Drees, Willem. "Naturalismo". Em Encyclopedia of Science and Religion, editado por J. Wentzel Vrede van Huyssteen, 593-597. Nova Iorque: Macmillan, Thomson, Gale, 2003.
10. Edwards, Denis. "Review of Ted Peters". Em Denis Edwards in His Own Words, editado por Anthony Kain e Hilary Regan, 371-374. Adelaide: ATF, 2020.
11. Lee C. Mitchell, Determined Fictions: American literary naturalism. (Nova Iorque: Columbia University Press,

1989)

12. Lehan, Richard. "The European Background". In The Cambridge Companion to American Realism and Naturalism: Howells to London, editado por Donald Pizer. New York: Cambridge University Press, 1995.
13. Link, Eric Carl. "Definindo o Naturalismo Literário Americano". The Oxford Handbook of American Literary Naturalism [Manual Oxford do Naturalismo Literário Americano]. New York: Oxford UP, 2011. 71-91. Imprimir.
14. McTeague: A Norton Critical Edition. Ed. Donald Pizer. 2ª ed. Nova Iorque: W. W. Norton & Company, 1997. 306-11. Imprimir.
15. Pizer, Donald. Realism and Naturalism in Nineteenth-Century American Literature [Realismo e Naturalismo na Literatura Americana do Século XIX]. Southern Illinois University Press, 1984.
16. Wilson, Edward O. On Human Nature. Harvard University Press, 1978.
17. Meyer, Roy Franklin. Jack London: A Biography. 1986.
18. Kaul, A. (Ed.). Jack London: A Collection of Critical Essays. 1975.
19. Dyer, Robert M. The Naturalism of Jack London: A Evolução de um Tema. 1970.
20. Pizer, Donald. A visão naturalista de Jack London. 1981.
21. Pastore, Robert. Determinism and Naturalism in Jack London's "The Law of Life". Studies in American Literature, 1988.
22. Warren, Austin. Jack London's America. 1949.
23. Slade, E. E. The Philosophy of Determinism in Jack

London's Novels. Philosophical Studies Journal, 1972.

24. Kazin, Alfred. The American Earth: Jack London's Naturalism. 1956.
25. London, Jack. The Call of the Wild and Other Stories of the North. Editado por Charles C. E. Smith. 1987.
26. "O Naturalismo de Jack London: A Study of the Deterministic Forces in His Short Fiction". Revista Naturalismo Literário, 2013.
27. Schleier, Raymond. The Concept of Survival in the Works of Jack London [O conceito de sobrevivência nas obras de Jack London]. American Naturalism Journal, 1981.
28. Penny, R. F. Naturalism in the Works of Jack London [O Naturalismo nas Obras de Jack London]. Journal of American Literature, 2005.
29. "Determinismo nas histórias de Jack London sobre a natureza selvagem". Estudos de Literatura Americana, 2010.
30. "Determinismo nas histórias de Jack London sobre a natureza selvagem". Estudos de Literatura Americana, 2010.
31. Davis, Jeffrey S. The Determinism of Jack London: Explorando as forças para além do controlo humano. Jornal de Crítica Literária, 2017.
32. Weinstein, Marvin. Jack London and the Naturalist Tradition. 1976.
33. Rowe, John Carlos. Jack London: A Critical Study. 1979
34. Trent, William Peterfield. Uma história da literatura americana. 1903.

35. Meyers, Jeffrey. Jack London: A Biography. 1988.

36. Pizer, Donald. American Naturalism: A New Perspective. 1993.

37. Van Wyck, Roger. The Naturalism of Jack London: Themes and Symbols. 1975.

38. Fielder, Leslie A. Love and Death in the American Novel. 1966.

39. Sloan, Stephen E. Nature and Determinism in Jack London's Fiction. 1985.

40. Hochschild, Adam. Jack London and the American Wilderness. 2001.

41. Harris, Oliver H. Jack London: The Self-Made Man. 1982.

42. Boudreau, Francine. O determinismo do destino na ficção curta de Jack London. 1999.

43. Moran, David. A Ética da Sobrevivência nas Obras de Jack London. 1997.

44. Campbell, David L. Fate and Survival in the Arctic Stories of Jack London (Destino e sobrevivência nas histórias árcticas de Jack London). 1990.

45. Farrell, J. M. The Philosophical Underpinnings of Naturalism in Jack London (Os fundamentos filosóficos do naturalismo em Jack London). 1984.

46. Swan, Carl. Man and Nature: The Deterministic World of Jack London. 1981.

47. Green, David A. The Nature of the Beast: Survival and

Determinism in the Works of Jack London [Sobrevivência e Determinismo nas Obras de Jack London]. 2003.

48. Keller, William. Jack London's Wilderness: Naturalism and Determinism in His Life and Fiction. 1986.
49. Martin, C. S. The Naturalistic World of Jack London. 1982.
50. Penny, R. F. Naturalism in the Works of Jack London [O Naturalismo nas Obras de Jack London]. Journal of American Literature, 2005.

Printed by Books on Demand GmbH, Norderstedt / Germany